OCEANI IN PERICOLO

Esplorando le Meraviglie, Affrontando le Sfide,
Plasmando un Futuro Oceano-Responsabile

Zahra Jonsson

A coloro che hanno occhi curiosi e cuori aperti, a voi lettori
intraprendenti che abbracciate il mare delle conoscenze con
desiderio di comprensione e passione per la conservazione.
Queste pagine sono dedicate a voi, custodi del nostro pianeta,
perché ogni parola qui scritta è un inno alla bellezza degli oceani
e un grido d'allarme per la loro vulnerabilità.

A chi, con il suono delle onde nelle orecchie, ha sognato di
esplorare gli abissi inesplorati del sapere. Questo libro è una
chiave per aprire porte nascoste nei meandri dell'oceano della
conoscenza, un invito a immergersi senza timore nelle profondità
delle meraviglie marine.

Dedico queste pagine a coloro che si sentono legati agli oceani,
che li considerano non solo come immense distese d'acqua, ma
come cuori pulsanti di vita, cullando segreti che attendono di
essere svelati. Possiate questo libro accendere in voi la fiamma
della consapevolezza e dell'impegno, affinché diventiate
ambasciatori della conservazione marina.

A tutti coloro che credono nel potere delle piccole azioni
quotidiane nel plasmare un futuro sostenibile. Che ogni parola
in queste pagine sia un seme che germoglia nella vostra mente e
spinga verso gesti che contribuiscano a preservare gli oceani per
le generazioni a venire.

A quanti sognano di un mondo in cui il richiamo degli oceani è un
invito alla cura, alla comprensione e all'azione. Che questo libro
possa essere il vostro compagno di viaggio, guidandovi attraverso
le correnti delle sfide oceaniche e verso le sponde di soluzioni e
speranze.

Infine, questa dedica è un riconoscimento a tutti coloro che si
impegnano quotidianamente per la conservazione degli oceani,
che lavorano instancabilmente per proteggere questi tesori
globali. Possiate le parole in queste pagine essere un eco delle
vostre voci, amplificando il vostro messaggio di amore per gli
oceani.

Con gratitudine e speranza,
Zahra Jonsson

Nel cuore degli oceani risiede la saggezza millenaria, un richiamo sommesso che invita l'umanità a comprendere che la conservazione non è solo un dovere, ma una danza armoniosa con la vita stessa. Siamo custodi di questo regno acquatico, chiamati a proteggere e preservare, affinché ogni onda racconti storie di bellezza eterna.

ZAHRA JONSSON

CONTENTS

INTRODUCTION

Benvenuti in un viaggio profondo ed empio, un'immersione nelle profondità degli oceani che rivela tanto la bellezza straordinaria quanto la vulnerabilità straziante di uno degli ambienti più cruciali per la vita sulla Terra. In "Oceani in Pericolo", esploreremo insieme i segreti sussurrati dalle correnti oceaniche e affronteremo le sfide che minacciano la sopravvivenza di questi regni acquatici.

L'Oceano: Cuore Vitale della Terra
Gli oceani, vasti e misteriosi, sono il battito cardiaco del nostro pianeta. Sono i custodi della vita, regolatori del clima, fornitori di ossigeno e serbatoi di biodiversità. In questa introduzione, ci immergeremo nel cuore vitale della Terra, esplorando la connessione profonda che lega gli oceani a ogni aspetto della nostra esistenza. Dagli organismi microscopici alle immense balene, ogni creatura oceanica contribuisce a un intricato equilibrio che tiene in vita il nostro mondo.

Un'Esplorazione delle Meraviglie Marine
Accompagnati da scienziati, studiosi e appassionati di conservazione, ci addentreremo nelle meraviglie degli oceani. Attraverso le pagine, incontreremo creature straordinarie, esploreremo barriere coralline caleidoscopiche e ci perderemo nelle profondità oscure degli abissi. Questa sezione ci invita a gettare uno sguardo intimo su mondi sconosciuti, affascinandoci

con la diversità sorprendente che caratterizza gli oceani.

Sfide Oceaniche: Minacce e Grida d'Allarme
Ma dietro la facciata serena delle onde, si nascondono sfide che richiedono la nostra attenzione immediata. Analizzeremo l'inquinamento marino, dalla plastica che inquina le spiagge alle sostanze chimiche che avvelenano le acque. Affronteremo la pesca eccessiva, la privatizzazione delle risorse marine e i cambiamenti climatici che stanno trasformando irrimediabilmente gli oceani. Ogni parola sarà una chiamata d'allarme, un richiamo all'azione contro la distruzione silenziosa che minaccia la vita oceanica.

Plasmare un Futuro Oceano-Responsabile
Ma non ci fermiamo alle sfide; ci immergeremo nelle soluzioni. Esploreremo idee innovative e pratiche sostenibili che possono invertire la rotta. Dalla tecnologia all'avanguardia alla collaborazione globale, ogni proposta è un passo verso la creazione di un futuro oceano-responsabile. Questa sezione non solo ci offre speranza, ma ci incita a diventare attori attivi nella conservazione degli oceani.

L'Invito all'Esplorazione
Questo libro è un invito all'esplorazione, un'opportunità di affondare nelle profondità degli oceani senza lasciare il conforto del vostro spazio di lettura. Spero che ogni parola vi immerga in un viaggio affascinante e, al tempo stesso, vi stimoli a riflettere su come possiamo collettivamente difendere gli oceani da ciò che li minaccia.

In "Oceani in Pericolo", ogni pagina è un'immersione, ogni capitolo è un'onda che porta con sé la potenza della consapevolezza. Vi invito ad aprire queste pagine con cuori aperti e menti pronte, pronti a esplorare, a comprendere e, soprattutto, a impegnarvi nel futuro degli oceani.

Con gratitudine per il vostro interesse e speranza per il nostro viaggio insieme,

Zahra Jonsson

PREFACE

Benvenuti in questo viaggio attraverso gli abissi inesplorati degli oceani, un viaggio che abbraccia la meraviglia, affronta le sfide e plasmerà un futuro oceano-responsabile. Mentre mi avventuro in questa esplorazione scritta, vorrei condividere con voi il cuore pulsante dietro ogni pagina di "Oceani in Pericolo".

Gli oceani sono il cuore vitale della Terra, una sinfonia di vita che ha ispirato poeti, artisti e scienziati per secoli. Nelle profondità di queste acque, si nascondono segreti millenari, creando un connubio tra la maestosità della natura e la fragilità della nostra responsabilità nei confronti del pianeta. Ho scritto questo libro con l'intento di condividere questa connessione profonda e di ispirare un impegno globale per la conservazione marina.

L'esplorazione inizia con l'ammirazione delle meraviglie oceaniche. Attraverso pagine ricche di dettagli, vi invito a immergervi nei vibranti ecosistemi marini, a contemplare la varietà sorprendente di creature che danzano sotto la superficie e a scoprire la magia che rende gli oceani unici e imprescindibili per la vita sulla Terra.

Tuttavia, questo viaggio non è solo una celebrazione delle bellezze marine. Con occhi critici, esamineremo le sfide che mettono in pericolo gli oceani, minacce che vanno dall'inquinamento insidioso alla pesca eccessiva, dal cambiamento climatico devastante alla privatizzazione delle risorse marine. Ogni sfida è un grido d'allarme, un invito urgente a un cambiamento che deve iniziare ora.

La visione di un futuro oceano-responsabile emerge attraverso soluzioni innovative e pratiche. Dal coinvolgimento delle comunità locali alla promozione di tecnologie all'avanguardia, esploreremo approcci concreti per mitigare gli impatti negativi e creare un equilibrio sostenibile tra l'uomo e il mare.

Questo libro non è solo una raccolta di informazioni; è un invito all'azione. La conservazione marina non è un compito per pochi, ma un impegno condiviso da tutti coloro che amano questo pianeta. Vi incoraggio a diventare parte di questa missione, a tradurre le parole in azioni che plasmeranno il destino degli oceani.

In "Oceani in Pericolo", mi rivolgo a voi come alleati nella custodia di questo tesoro globale. Attraverso le pagine di questo libro, spero di trasmettere la bellezza, la complessità e l'urgenza della conservazione marina. Siamo tutti chiamati a essere custodi degli oceani, a unirci in un impegno collettivo per garantire che le onde continuino a raccontare storie di vita, speranza e meraviglia.

Con gratitudine per il vostro impegno e con la speranza di un futuro oceano-responsabile,

Zahra Jonsson

PROLOGUE

In una notte di luna piena, mentre le onde sussurravano segreti millenari e il riflesso argentato del satellite illuminava l'infinità dell'oceano, ho iniziato a scrivere "Oceani in Pericolo". Questo prologo è il varco attraverso il quale invito ogni lettore a immergersi con me nelle profondità dell'ignoto, a esplorare i misteri e le minacce che si celano dietro la maestosità apparente delle acque.

La Chiamata dell'Oceano
Sono sempre stata affascinata dal richiamo dell'oceano, un canto che si perde nell'orizzonte infinito. Ma questa melodia è più di una dolce serenata; è una chiamata all'azione. Ho sentito il bisogno di rispondere, di tradurre le onde in parole, di dare voce agli abitanti sconosciuti delle profondità e di condividere il loro grido silenzioso.

Un Viaggio tra le Onde delle Meraviglie
Nel prologo, vi invito a varcare la soglia di un viaggio straordinario. Dalle acque cristalline dei tropici alle tempeste furiose dell'Artico, ci addentreremo in mondi che sfidano l'immaginazione. Ogni pagina è un'opportunità di esplorare creature straordinarie, barriere coralline caleidoscopiche e le meraviglie nascoste negli abissi.

Ombre Sotto la Superficie

Ma sotto la superficie serena si nascondono ombre. Nel prologo, prenderemo consapevolezza delle sfide che minacciano gli oceani. Inizieremo a rivelare le trame di inquinamento invisibile, di pesca eccessiva che impoverisce gli ecosistemi, di cambiamenti climatici che alterano il destino degli oceani. Ogni onda porta con sé una storia di minaccia, un segnale di allarme che non possiamo più ignorare.

Un Appello alla Consapevolezza e all'Azione
Il prologo è un appello alla consapevolezza e all'azione. Vi invito a unirvi a me nel riconoscere che la bellezza degli oceani è fragile e che la nostra responsabilità nei loro confronti è ineludibile. Non possiamo più permetterci di restare ignari di ciò che sta accadendo sotto la superficie. Ogni storia raccontata è un invito a diventare guardiani consapevoli di questo prezioso regno.

Visioni di un Futuro Oceano-Responsabile
Ma non ci fermiamo alle sfide; il prologo introduce le visioni di un futuro oceano-responsabile. Esploreremo soluzioni innovative, strategie sostenibili e la potenza della collaborazione globale. Ogni parola è un passo verso la creazione di un mondo in cui gli oceani sono preservati per le generazioni a venire.

L'Invito a Viaggiare con Me
Questo prologo è l'invito a viaggiare con me, a navigare attraverso le pagine di "Oceani in Pericolo" con occhi aperti e cuori impegnati. Spero che ogni parola sia come una marea che vi avvolge, trasportandovi in mondi nuovi e, al tempo stesso, spingendovi a diventare difensori degli oceani.

Con profonda gratitudine per il vostro interesse e con la speranza che questo viaggio insieme sia un'influenza positiva sugli oceani e sul nostro futuro,

Zahra Jonsson

CAPITOLO 1: L'OCEANO, CUORE VITALE DELLA TERRA

L'Oceano, con la sua immensità blu che si estende all'orizzonte, è il custode silenzioso della vita sulla Terra. Quando alziamo gli occhi al cielo e ammiriamo il maestoso oceano, spesso non percepiamo appieno la sua complessità e la sua importanza cruciale per l'equilibrio del nostro pianeta.

L'Oceano: Un Mondo di Bellezza e Mistero

Gli oceani sono veri e propri mondi inesplorati, regni sottomarini che catturano l'immaginazione e ispirano meraviglia. Le profondità oceaniche celano creature straordinarie, da minuscoli organismi luminosi a imponenti balene che solcano le acque con grazia. La varietà di colori e suoni che animano gli oceani crea uno spettacolo visivo e acustico senza pari.

La bellezza degli oceani non è solo superficiale; è anche nascosta nelle intricatissime reti di vita che si sviluppano sotto la superficie. Coralli colorati formano giardini sottomarini che fungono da rifugio e nursery per numerose specie di pesci e invertebrati. Gli intricati ecosistemi oceanici sono interconnessi in un delicato equilibrio, e ogni componente, per quanto piccolo possa sembrare, svolge un ruolo cruciale nella trama della vita marina.

L'Importanza Vitale degli Oceani

Gli oceani non sono solo spettacoli di bellezza da contemplare; sono anche essenziali per la nostra sopravvivenza. Ogni secondo, gli oceani producono una grande quantità di ossigeno grazie ai microorganismi fotosintetici presenti nelle loro acque. Circa il 50% dell'ossigeno che respiriamo proviene direttamente dall'oceano, rendendo il mare il polmone vitale della Terra.

Ma l'importanza degli oceani va oltre la produzione di ossigeno. Le correnti oceaniche agiscono come giganteschi sistemi di distribuzione termica, regolando il clima globale e influenzando i modelli meteorologici. Gli oceani assorbono anche grandi quantità di anidride carbonica, contribuendo a mitigare gli effetti dei cambiamenti climatici.

La Biodiversità: Tesoro Nascosto degli Oceani

La ricchezza di biodiversità negli oceani è una testimonianza della straordinaria varietà di vita che essi sostengono. Dalle minuscole plankton che costituiscono la base della catena alimentare agli imponenti predatori che dominano gli abissi, ogni creatura ha un ruolo unico nell'ecosistema oceanico.

I coralli, in particolare, sono le foreste degli oceani, fornendo rifugio e nutrimento a molte specie marine. La perdita di questi ecosistemi delicati avrebbe impatti devastanti sull'intero equilibrio degli oceani e sulla vita sulla Terra.

Preservare l'Oceano per le Generazioni Future

Il nostro dovere è preservare questa meraviglia per le generazioni future. Le minacce che gravano sugli oceani richiedono azioni concrete e consapevoli. Ridurre l'inquinamento, proteggere le zone marine vulnerabili e promuovere pratiche di pesca sostenibile sono solo alcune delle molte sfide che dobbiamo affrontare.

Investire nella ricerca scientifica marina è essenziale per comprendere appieno gli oceani e sviluppare strategie efficaci per la conservazione. L'educazione pubblica sull'importanza degli oceani gioca un ruolo cruciale nel coinvolgere la società nella

salvaguardia di questo prezioso ecosistema.
In conclusione, gli oceani sono il cuore vitale della Terra, pulsanti con vita e mistero. Esplorare la loro bellezza e comprendere la loro importanza è il primo passo verso la creazione di un futuro in cui gli oceani prosperano e continuano a sostenere la vita sulla Terra.

CAPITOLO 2: INQUINAMENTO MARINO - UN NEMICO SILENZIOSO

Gli oceani, una volta considerati inesauribili e inattaccabili, oggi si trovano ad affrontare una minaccia silenziosa ma pervasiva: l'inquinamento. Questo capitolo si propone di esplorare le molteplici forme di inquinamento marino, dalla plastica alla contaminazione chimica, mettendo in luce le sfide che ne derivano e presentando soluzioni innovative per preservare la salute degli oceani.

L'Inquinamento Plastico: Oceani Saturi di Plastica

Il nemico più evidente che affligge gli oceani è rappresentato dalla plastica. Milioni di tonnellate di rifiuti plastici si riversano nei mari ogni anno, formando isole galleggianti che danneggiano irreparabilmente gli ecosistemi marini. Le creature marine, ingannate dalla somiglianza con il cibo, ingeriscono la plastica, causando danni interni e morte.

Affrontare questo problema richiede un approccio multifase. La riduzione dell'uso di plastica monouso attraverso leggi più severe e campagne di sensibilizzazione è essenziale. Allo stesso tempo, l'innovazione nel riciclaggio e lo sviluppo di materiali biodegradabili possono ridurre l'impatto della plastica sull'ambiente marino.

Contaminazione Chimica: Il Veleno nei Mari

Oltre alla plastica, gli oceani sono minacciati da una vasta gamma di sostanze chimiche nocive. Dall'industria chimica alle attività agricole, i contaminanti raggiungono gli oceani attraverso corsi d'acqua e precipitazioni atmosferiche, avvelenando la vita marina e compromettendo la sicurezza alimentare umana.

Per affrontare la contaminazione chimica, è essenziale regolamentare le emissioni industriali e agricole, implementare tecniche di coltivazione sostenibile e investire nella depurazione delle acque. L'adozione di tecnologie avanzate, come i filtri verdi per assorbire i contaminanti, potrebbe rappresentare una svolta nell'eliminazione delle sostanze chimiche dannose dagli oceani.

Microplastiche: Piccoli Assassini Invisibili

Un nemico spesso trascurato è rappresentato dalle microplastiche, frammenti minuscoli derivanti dalla degradazione di oggetti più grandi. Queste particelle microscopiche si infiltrano in tutti gli strati dell'ecosistema marino, danneggiando organismi di ogni dimensione. La catena alimentare, inclusi gli esseri umani, è a rischio.

Per affrontare le microplastiche, è necessario un approccio globale. Ridurre l'uso di plastica alla fonte, migliorare i sistemi di trattamento delle acque reflue e sviluppare tecniche di pulizia avanzate sono tutte strategie cruciali per eliminare questa minaccia invisibile.

Soluzioni Innovative: Preservare gli Oceani per le Generazioni Future

Per contrastare l'inquinamento marino, sono necessarie soluzioni innovative e sforzi congiunti a livello globale. L'utilizzo di tecnologie avanzate, come i droni oceanici dotati di sensori per monitorare e raccogliere dati sull'inquinamento, può migliorare la nostra comprensione del problema e guidare azioni mirate.

Inoltre, incentivare l'adozione di imballaggi sostenibili

e sviluppare materiali biodegradabili può ridurre significativamente la presenza di plastica negli oceani. Campagne educative sul corretto smaltimento dei rifiuti e sulla consapevolezza dell'inquinamento marino sono fondamentali per coinvolgere la società nella lotta contro questo nemico silenzioso.

Conclusioni: Un Futuro Senza Inquinamento Marino

In conclusione, l'inquinamento marino è una minaccia urgente che richiede azioni immediate e sostenute. Con la combinazione di legislazioni più rigorose, innovazioni tecnologiche e un cambio culturale verso pratiche più sostenibili, possiamo invertire la tendenza e preservare la bellezza e la vitalità degli oceani per le generazioni future. Affrontare l'inquinamento marino non è solo una necessità ambientale, ma un imperativo morale per proteggere il cuore vitale della Terra.

CAPITOLO 3: OCEAN GRABBING - QUANDO IL MARE DIVENTA PROPRIETÀ PRIVATA

Gli oceani, una volta considerati come territori vasti e inesplorati, si trovano oggi al centro di una minaccia crescente: l'oceano grabbing. Questo capitolo esplorerà questo fenomeno, dove le risorse marine vengono sottratte alle comunità locali, analizzando le sue radici, i suoi impatti e proponendo strategie legali e sociali per contrastare questa privatizzazione e garantire un accesso equo alle risorse oceaniche.

L'Oceano come Bene Comune: Storia e Tradizione

Per secoli, gli oceani sono stati considerati come beni comuni, fonti di sostentamento e risorse per le comunità costiere. La pesca artigianale e la raccolta di frutti di mare erano attività sostenibili, integrate nei cicli naturali degli ecosistemi marini. Tuttavia, con l'avanzare del tempo e lo sviluppo tecnologico, la prospettiva sull'uso degli oceani è cambiata.

Le Radici dell'Ocean Grabbing

L'oceano grabbing ha le sue radici in una combinazione di fattori, tra cui l'aumento della domanda globale di risorse marine, la tecnologia avanzata nella pesca industriale e la mancanza di regolamentazioni efficaci. Le grandi imprese e le nazioni industrializzate, spinte dal desiderio di profitto, hanno iniziato a vedere gli oceani come una fonte di ricchezza da sfruttare senza considerare gli impatti sulle comunità locali dipendenti da queste risorse.

Impatti dell'Ocean Grabbing sulle Comunità Locali

Il fenomeno dell'oceano grabbing ha effetti devastanti sulle comunità locali dipendenti dalla pesca e dalle risorse marine. La privatizzazione delle acque limita l'accesso delle comunità tradizionali alle aree di pesca, portando a una perdita di mezzi di sussistenza e minacciando le loro tradizioni e stili di vita. La competizione per le risorse pescherecce diventa sempre più aspra, con le grandi imprese che spesso hanno risorse finanziarie e tecnologiche superiori, lasciando le comunità locali in uno stato di svantaggio.

Strategie Legalmente Vincolanti: Proteggere gli Interessi Locali

Per contrastare l'oceano grabbing, è essenziale implementare strategie legalmente vincolanti a livello internazionale e nazionale. La creazione e il rafforzamento di leggi che proteggano i diritti delle comunità locali sull'accesso alle risorse oceaniche sono fondamentali. Inoltre, devono essere stabilite zone di pesca esclusive per le comunità tradizionali, garantendo che abbiano priorità nell'uso sostenibile delle risorse marine nelle loro acque territoriali.

Partecipazione Comunitaria e Consapevolezza

Al di là delle leggi, è cruciale coinvolgere attivamente le comunità locali nelle decisioni riguardanti l'uso delle risorse marine. L'empowerment delle comunità attraverso programmi educativi e la promozione della partecipazione comunitaria nei processi decisionali possono ridurre la vulnerabilità delle comunità locali di fronte all'oceano grabbing.

Modelli di Gestione Partecipativa: Il Futuro della Conservazione Marina

Un approccio promettente per contrastare l'oceano grabbing è rappresentato dai modelli di gestione partecipativa.

Coinvolgendo le comunità locali, i ricercatori e le autorità governative nella definizione di strategie di gestione delle risorse marine, si può creare un equilibrio tra lo sfruttamento sostenibile e la conservazione degli ecosistemi marini. Questi modelli possono essere adattati alle specificità di ogni regione, tenendo conto delle esigenze delle comunità locali e promuovendo l'uso sostenibile delle risorse marine.

Monitoraggio e Responsabilizzazione delle Imprese

Un'altra tattica cruciale è il monitoraggio attivo delle attività delle imprese nell'ambiente marino. L'implementazione di sistemi di tracciamento e la pubblicazione trasparente delle pratiche aziendali possono contribuire a identificare e fermare le imprese che cercano di sfruttare illegalmente le risorse marine.

La Responsabilità Globale: Un Impegno Condiviso

L'affrontare l'oceano grabbing richiede un impegno condiviso a livello globale. Le nazioni devono collaborare per stabilire norme e regolamenti internazionali che proteggano gli oceani come patrimonio comune dell'umanità. Inoltre, è fondamentale sensibilizzare l'opinione pubblica sulla gravità del problema e sulla necessità di proteggere le comunità locali e gli ecosistemi marini.

Conclusioni: Salvaguardare il Cuore degli Oceani

In conclusione, l'oceano grabbing rappresenta una minaccia diretta alle comunità locali e alla salute degli oceani. Attraverso un approccio integrato che comprenda leggi vincolanti, partecipazione comunitaria e responsabilità delle imprese, possiamo proteggere il cuore vitale degli oceani. Solo con un impegno globale e una consapevolezza diffusa possiamo garantire che gli oceani restino patrimoni comuni, preservando la loro bellezza e la loro ricchezza per le generazioni future.

CAPITOLO 4: ACQUACOLTURA SOSTENIBILE – COLTIVARE IL FUTURO DEL MARE

L'acquacoltura, la pratica di coltivare organismi acquatici in ambienti controllati, emerge come una soluzione chiave per soddisfare la crescente domanda globale di prodotti ittici senza esaurire le risorse marine. In questo capitolo, esploreremo i pro e i contro dell'acquacoltura e presenteremo modelli innovativi che mirano a garantire una produzione alimentare sostenibile senza compromettere la salute degli oceani.

L'Acquacoltura in Prospettiva

L'acquacoltura ha conosciuto una crescita esponenziale nelle ultime decadi, diventando una fonte significativa di pesce per il consumo umano. Tuttavia, la sua rapida espansione ha portato ad alcune preoccupazioni, tra cui impatti ambientali negativi, problemi di benessere animale e sfide legate alla qualità e sicurezza alimentare.

Pro dell'Acquacoltura

Risposta alla Domanda Globale di Pesce: Con la pesca tradizionale che raggiunge i suoi limiti sostenibili, l'acquacoltura offre un modo efficiente per soddisfare la crescente richiesta di pesce e frutti di mare senza sfruttare eccessivamente le risorse marine naturali.

Creazione di Occupazione: Le operazioni di acquacoltura possono creare opportunità di lavoro nelle comunità costiere, contribuendo a sostenere l'economia locale e ridurre la dipendenza dalla pesca tradizionale.

Controllo Ambientale: A differenza della pesca in mare aperto, l'acquacoltura offre un maggiore controllo sull'ambiente di crescita degli organismi marini, consentendo una gestione più mirata e la riduzione del rischio di sovrapesca.

Contro dell'Acquacoltura

Impatti Ambientali Locali: L'accumulo di rifiuti organici, prodotti chimici e farmaci utilizzati in acquacoltura può avere impatti negativi sulla qualità dell'acqua circostante e sugli ecosistemi marini locali.

Diffusione di Malattie: La concentrazione di organismi in spazi ristretti può favorire la diffusione di malattie tra le popolazioni acquatiche, richiedendo l'uso di antibiotici e prodotti chimici che possono contaminare l'ambiente.

Sfruttamento di Risorse Alimentari: Alcune pratiche di acquacoltura richiedono grandi quantità di pesci selvatici per la produzione di mangimi, portando a un paradosso in cui si prelevano pesci selvatici per alimentare gli organismi in coltura.

Modelli Innovativi di Acquacoltura Sostenibile

Per affrontare le sfide associate all'acquacoltura, sono necessari approcci innovativi e sostenibili che bilancino la produzione alimentare con la conservazione degli ecosistemi marini. Alcuni modelli emergenti includono:

Acquacoltura Multitrofica Integrata (IMTA): Questo approccio coinvolge la coltivazione simultanea di specie diverse in un unico ambiente. Ad esempio, possono essere coltivate alghe insieme a pesci, creando un sistema in cui i nutrienti rilasciati da una specie beneficiano le altre.

Acquacoltura in Circuiti Chiusi: Questo modello prevede l'utilizzo di sistemi chiusi, in cui l'acqua viene riciclata e trattata per ridurre l'impatto ambientale. Ciò riduce la necessità di prelevare acqua dal mare e minimizza il rilascio di nutrienti nell'ambiente circostante.

Sviluppo di Mangimi Sostenibili: Ridurre la dipendenza dai pesci selvatici per la produzione di mangimi è essenziale per l'acquacoltura sostenibile. La ricerca si concentra sulla produzione di mangimi a base di piante, alghe o insetti, riducendo così la pressione sulla pesca.

Strategie Legali e Sociali per la Sostenibilità

Per garantire un futuro sostenibile per l'acquacoltura, è essenziale integrare approcci legali e sociali che promuovano la gestione responsabile delle risorse marine.

Regolamentazioni Ambientali: Leggi e regolamentazioni devono essere implementate e rafforzate per garantire pratiche di acquacoltura rispettose dell'ambiente. Queste normative dovrebbero coprire aspetti come l'uso di antibiotici, la gestione dei rifiuti e la conservazione delle risorse idriche.

Coinvolgimento Comunitario: Coinvolgere attivamente le comunità locali nella pianificazione e implementazione delle operazioni di acquacoltura è essenziale. Questo può promuovere una gestione più responsabile e sostenibile delle risorse marine, preservando al contempo il modo di vita tradizionale delle comunità costiere.

Certificazioni di Sostenibilità: Incentivare l'adozione di standard e certificazioni di sostenibilità può guidare le aziende verso pratiche più responsabili. Ad esempio, il Marine Stewardship Council (MSC) certifica la pesca sostenibile, mentre l'Aquaculture Stewardship Council (ASC) si concentra sull'acquacoltura sostenibile.

La Visione di un Futuro Equo

L'acquacoltura sostenibile rappresenta una via promettente per coltivare il futuro del mare senza compromettere gli oceani. Sfruttare innovazioni tecnologiche, pratiche di gestione avanzate e coinvolgimento delle comunità locali è cruciale per creare un equilibrio tra la produzione alimentare e la conservazione degli ecosistemi marini.

In conclusione, investire in modelli di acquacoltura sostenibile è una necessità urgente per preservare la biodiversità marina e garantire che le risorse marine siano disponibili per le generazioni future. Solo attraverso un approccio olistico e la collaborazione tra governi, aziende e comunità locali possiamo coltivare il futuro del mare in modo sostenibile, garantendo che gli oceani continuino a prosperare come fonte di vita e nutrimento.

CAPITOLO 5: SOVRAPESCA - UNA MINACCIA PER GLI EQUILIBRI MARINI

L'ombra della sovrapesca si estende come un pericolo imminente sugli oceani, minacciando gli equilibri marini e la sopravvivenza di numerose specie. In questo capitolo, esploreremo gli effetti devastanti della sovrapesca sulla vita marina e suggeriremo approcci basati sulla gestione ecosostenibile delle risorse ittiche per preservare gli ecosistemi marini.

L'Espansione e gli Effetti della Sovrapesca

La sovrapesca è il risultato di un prelievo eccessivo di pesci rispetto alla capacità naturale di riproduzione delle popolazioni ittiche. Questa pratica, alimentata dalla crescente domanda di prodotti ittici a livello globale, ha impatti significativi sugli ecosistemi marini.

Declino delle Popolazioni Ittiche: La sovrapesca spinge molte popolazioni ittiche al collasso, minacciando la biodiversità marina e compromettendo la stabilità degli ecosistemi.

Squilibri Trofici: La rimozione eccessiva di predatori chiave, come tonni e squali, può innescare squilibri trofici, con un aumento delle popolazioni di prede e una diminuzione della diversità e della resilienza degli ecosistemi.

Impatto sulle Comunità Costiere: Le comunità costiere, spesso dipendenti dalla pesca per la propria sussistenza, subiscono gravi conseguenze economiche e sociali a causa del collasso delle risorse ittiche.

Approcci alla Sovrapesca

Affrontare la sovrapesca richiede un approccio multifattoriale che comprenda strategie di gestione, misure di conservazione e azioni per coinvolgere le comunità locali.

Gestione Basata sulla Scienza: La gestione delle risorse ittiche dovrebbe essere basata su dati scientifici accurati. Monitorare le popolazioni ittiche, valutare la capacità di carico degli ecosistemi marini e stabilire quote di pesca sostenibili sono passi cruciali per evitare la sovrapesca.

Quote di Pesca: L'implementazione di quote di pesca limitate contribuisce a garantire che il prelievo di pesci non superi la capacità di riproduzione naturale delle popolazioni, permettendo loro di mantenere una presenza sostenibile negli oceani.

Riserve Marine: La creazione di riserve marine, aree in cui la pesca è vietata o limitata, offre un rifugio sicuro per le popolazioni ittiche in declino. Queste riserve fungono da serbatoi di biodiversità, contribuendo a mantenere gli equilibri trofici.

Tecnologie Innovative nella Gestione della Sovrapesca

L'utilizzo di tecnologie innovative può migliorare notevolmente gli sforzi per gestire la sovrapesca e ripristinare gli equilibri marini.

Tecnologie di Monitoraggio Remoto: Droni e satelliti possono essere utilizzati per monitorare le attività di pesca, rilevare pratiche illegali e garantire il rispetto delle regolamentazioni.

Sistemi di Tracciamento delle Catene di Approvvigionamento: Implementare sistemi di tracciamento può assicurare che il pesce pescato provenga da fonti sostenibili. Questo offre trasparenza nella catena di approvvigionamento e consente ai consumatori di prendere decisioni informate.

Innovazioni nella Pesca Selettiva: Sviluppare tecniche di pesca selettiva può ridurre il bycatch, ovvero la cattura accidentale di specie non target. Reti più selettive e pratiche di pesca adattate possono contribuire a preservare la diversità marina.

Coinvolgere le Comunità Locali nella Gestione Sostenibile

Il coinvolgimento attivo delle comunità locali è essenziale per implementare strategie di gestione sostenibile della pesca e preservare le risorse marine.

Co-Gestione delle Risorse: Coinvolgere le comunità locali nella co-gestione delle risorse ittiche promuove una gestione più responsabile e sostenibile. Le conoscenze locali possono contribuire significativamente all'identificazione di pratiche efficaci e alla comprensione dei cambiamenti negli ecosistemi.

Sostegno alle Alternative Economiche: Creare alternative economiche alle comunità strettamente legate alla pesca può ridurre la pressione sulla sovrapesca. Programmi di sviluppo sostenibile possono favorire la diversificazione economica in queste regioni.

Educazione e Sensibilizzazione: Programmi educativi e iniziative di sensibilizzazione possono informare le comunità locali sulla sostenibilità della pesca e sui modi per preservare le risorse ittiche per le generazioni future.

La Necessità di una Cooperazione Globale

La sovrapesca è una sfida che supera i confini nazionali, richiedendo una cooperazione globale per affrontare le sue cause e conseguenze.

Integrazione delle Politiche Globali: Le politiche globali devono essere integrate per garantire che gli sforzi di conservazione siano coerenti a livello internazionale. Accordi come la Convenzione delle Nazioni Unite sul Diritto del Mare forniscono una base, ma devono essere rafforzati e implementati in modo più efficace.

Lotta alla Pesca Illegale, Non Dichiarata e Non Regolamentata (IUU): La pesca IUU contribuisce significativamente alla sovrapesca. La cooperazione internazionale è essenziale per contrastare questa pratica, attraverso la condivisione di informazioni e l'adozione di misure punitive contro gli stati e le imprese coinvolte.

Conclusioni: Salvaguardare gli Ecosistemi Marini

La sovrapesca rappresenta una minaccia diretta per la vita marina e la sostenibilità degli ecosistemi marini. Solo attraverso una gestione olistica, basata sulla scienza, innovativa e socialmente responsabile, possiamo preservare le risorse ittiche e garantire che gli oceani mantengano la loro ricchezza e diversità. Il futuro degli ecosistemi marini dipende dalla nostra capacità di adottare pratiche di pesca sostenibili e di cooperare a livello globale per proteggere i tesori nascosti degli oceani.

CAPITOLO 6: PESCA PIRATA - IL CRIMINE DEGLI ABISSI

Nel vasto teatro degli oceani, si svolge un oscuro dramma: la pesca pirata. Questo capitolo si addentrerà nel fenomeno della pesca pirata, esaminando le sue radici, gli impatti devastanti sulle specie marine vulnerabili e fornendo strategie innovative per combattere questo crimine marino e garantire la sicurezza delle acque globali.

Il Mistero della Pesca Pirata

La pesca pirata è un termine che evoca immagini di navi misteriose che si muovono nell'oscurità degli oceani, sottraendo silenziosamente le risorse marine senza rispettare leggi o regolamenti. Questo fenomeno, spesso legato alla pesca illegale, non dichiarata e non regolamentata (IUU), minaccia gli equilibri marini e mette a rischio la sostenibilità delle risorse ittiche.

Le Radici del Problema

La pesca pirata ha radici profonde, spesso legate a motivazioni economiche e alla mancanza di regolamentazioni efficaci. Alcuni dei principali fattori che alimentano questo crimine marino includono:

Mancanza di Controllo e Sorveglianza: Le vaste estensioni degli oceani rendono difficile per le autorità monitorare e controllare le attività di pesca. Questo crea un ambiente favorevole per le attività illegali.

Profitto a Breve Termine: Le imprese coinvolte nella pesca pirata sono spesso spinte dal desiderio di profitto a breve termine, senza preoccuparsi delle conseguenze a lungo termine sulla sostenibilità delle risorse ittiche.

Debolezza delle Leggi e delle Sanzioni: In molte regioni, le leggi contro la pesca illegale possono essere deboli o difficili da applicare. La mancanza di sanzioni significative può incoraggiare pratiche illegali.

Gli Impatti Devastanti della Pesca Pirata

La pesca pirata ha effetti devastanti sugli ecosistemi marini e sulle comunità costiere dipendenti dalla pesca.

Collasso delle Popolazioni Ittiche: La sovrapesca derivante dalla pesca pirata può portare al collasso delle popolazioni ittiche, mettendo a rischio la biodiversità marina e la sicurezza alimentare di numerose comunità.

Danneggiamento degli Ecosistemi Marino-Costieri: Le pratiche distruttive della pesca pirata, come l'utilizzo di reti a strascico, possono danneggiare gli habitat marini e compromettere la riproduzione di molte specie.

Perdite Economiche per le Comunità Locali: Le comunità costiere che dipendono dalla pesca per il loro sostentamento subiscono perdite economiche significative a causa della concorrenza sleale e del declino delle risorse ittiche.

Strategie Innovative per Combattere la Pesca Pirata

Affrontare la pesca pirata richiede approcci innovativi che vanno oltre la semplice applicazione di leggi e sanzioni. Alcune strategie chiave includono:

Tecnologie Avanzate di Sorveglianza: L'utilizzo di tecnologie avanzate, come satelliti ad alta risoluzione, droni marini e sistemi di tracciamento delle navi, può migliorare notevolmente la sorveglianza delle attività di pesca e consentire un intervento tempestivo contro la pesca pirata.

Collaborazione Internazionale: La pesca pirata è un problema che attraversa le frontiere. La collaborazione internazionale è essenziale per scambiare informazioni, coordinare azioni e implementare normative globali contro questa pratica.

Trasparenza nella Catena di Approvvigionamento: Rendere la catena di approvvigionamento dei prodotti ittici più trasparente può contribuire a identificare e fermare la pesca pirata. L'adozione di sistemi di tracciamento e certificazioni di sostenibilità può garantire che i consumatori siano ben informati sulle pratiche delle aziende.

Penalità Severamente Applicate: Rafforzare le sanzioni contro la pesca pirata è essenziale per scoraggiare questa attività illegale. Penali significative, confische di beni e interdizioni alle attività di pesca possono servire da deterrente.

Coinvolgimento delle Comunità Locali: Le comunità locali devono essere coinvolte attivamente nella protezione delle risorse ittiche. Programmi di sensibilizzazione e iniziative di formazione possono aiutare le comunità a riconoscere e segnalare attività di pesca pirata.

La Necessità di un Impegno Globale

Per sconfiggere la pesca pirata, è necessario un impegno globale che coinvolga governi, organizzazioni internazionali, aziende e individui.

Rafforzamento delle Normative Internazionali: Le organizzazioni internazionali devono lavorare insieme per stabilire norme e regolamenti globali più rigorosi contro la pesca pirata. La Convenzione delle Nazioni Unite sul Diritto del Mare fornisce un quadro, ma è necessario rafforzarlo e garantirne l'applicazione.

Monitoraggio delle Zone Sensibili: Identificare e monitorare le zone marine più sensibili, come riserve marine e habitat critici, può ridurre la vulnerabilità di tali aree alla pesca pirata.

Incentivi Economici per la Pesca Sostenibile: Creare incentivi economici per la pesca sostenibile può spingere le imprese verso pratiche rispettose dell'ambiente e scoraggiare la pesca pirata.

Conclusioni: Salvaguardare gli Oceani per le Generazioni Future

Combattere la pesca pirata richiede un impegno congiunto a livello globale per proteggere gli oceani e preservare la vita marina. Solo attraverso l'innovazione, la collaborazione internazionale e un cambiamento nelle pratiche delle imprese possiamo porre fine a questo crimine degli abissi e garantire un futuro sostenibile per le risorse ittiche e gli ecosistemi marini. La sfida è grande, ma la ricompensa è la possibilità di mantenere gli oceani vivi e prosperi per le generazioni future.

CAPITOLO 7: CAMBIAMENTI CLIMATICI - LA CRISI CHE ABBRACCIA GLI OCEANI

Gli oceani, custodi inestimabili della vita sulla Terra, sono al centro di una crisi crescente: i cambiamenti climatici. In questo capitolo, esamineremo gli impatti devastanti dei cambiamenti climatici sugli oceani, inclusi l'acidificazione e l'innalzamento del livello del mare. Proporremo soluzioni rivoluzionarie per mitigare e adattarsi a questi cambiamenti, preservando la stabilità degli ecosistemi marini.

I Cambiamenti Climatici e gli Oceani: Un Legame Infranto

Gli oceani, da sempre modellati dalle forze naturali, stanno ora subendo un cambiamento senza precedenti a causa delle attività umane. L'aumento delle emissioni di gas serra sta innescando una serie di impatti che minacciano gli equilibri delicati degli ecosistemi marini.

Riscaldamento Globale: L'aumento delle temperature atmosferiche contribuisce al riscaldamento degli oceani, causando impatti su scala globale come l'indebolimento delle barriere coralline e l'alterazione delle correnti marine.

Acidificazione degli Oceani: L'assorbimento di eccessive

quantità di anidride carbonica atmosferica dagli oceani sta causando l'acidificazione dell'acqua marina. Questo fenomeno minaccia organismi come coralli, molluschi e pesci che dipendono dalla formazione di carbonato di calcio.

Innalzamento del Livello del Mare: Il riscaldamento globale provoca la fusione dei ghiacciai e delle calotte polari, contribuendo all'innalzamento del livello del mare. Questo mette a rischio le comunità costiere e gli habitat vitali per molte specie marine.

Acidificazione degli Oceani: Una Minaccia Silenziosa

L'acidificazione degli oceani rappresenta una minaccia silenziosa ma potenzialmente devastante per gli ecosistemi marini.

Impatti sui Coralli: I coralli, già minacciati dallo sbiancamento dovuto al riscaldamento, sono particolarmente sensibili all'acidificazione. La formazione del loro scheletro di carbonato di calcio può essere compromessa, minacciando la sopravvivenza delle barriere coralline.

Molluschi e Gasteropodi: Gli organismi marini che dipendono dalla formazione di gusci e conchiglie di carbonato di calcio, come molluschi e gasteropodi, sono vulnerabili all'acidificazione. Questo minaccia la catena alimentare marina e la biodiversità degli oceani.

Impatti sulla Catena Alimentare: Gli organismi che compongono la catena alimentare marina, inclusi pesci e mammiferi marini, possono risentire degli effetti negativi dell'acidificazione. Ciò può avere conseguenze a cascata su tutta la catena alimentare e sulle comunità che dipendono dalle risorse marine.

Innalzamento del Livello del Mare: Una Minaccia Globale

L'innalzamento del livello del mare è una conseguenza diretta del riscaldamento globale e della fusione dei ghiacciai e delle calotte polari.

Rischi per le Comunità Costiere: Le comunità costiere sono particolarmente vulnerabili all'innalzamento del livello del mare. Aree densamente popolate, come città costiere e delta dei fiumi, sono a rischio di inondazioni e perdite di terreno.

Perdita di Habitat Critici: Molte specie marine dipendono da habitat specifici, come mangrovie e zone umide costiere. L'innalzamento del livello del mare minaccia la stabilità di questi habitat, mettendo a rischio la sopravvivenza di numerose specie.

Impatti sulla Navigazione e sull'Economia Marittima: L'innalzamento del livello del mare può influenzare la navigazione e l'economia marittima. Porti, infrastrutture e rotte di navigazione potrebbero essere compromessi, con impatti significativi sul commercio globale.

Mitigazione e Adattamento: Un Doppio Approccio Cruciale

Per affrontare gli impatti dei cambiamenti climatici sugli oceani, è necessario adottare un approccio combinato di mitigazione e adattamento.

Mitigazione attraverso Energia Rinnovabile: Ridurre le emissioni di gas serra è essenziale per mitigare il riscaldamento globale e, di conseguenza, gli impatti sugli oceani. Investire in energie rinnovabili come solare e eolica può ridurre la dipendenza dalle fonti di energia fossile.

Riserve Marine e Conservazione degli Habitat: Creare riserve marine e proteggere gli habitat critici, come mangrovie e zone umide costiere, è fondamentale per la conservazione della biodiversità marina e per fornire spazi vitali in cui le specie possono adattarsi ai cambiamenti.

Ricerca e Innovazione Tecnologica: Investire in ricerca e innovazione tecnologica può portare a soluzioni rivoluzionarie per affrontare specifici problemi legati ai cambiamenti climatici. Ad esempio, tecnologie che promuovono la crescita di coralli resistenti all'acidificazione potrebbero offrire una speranza per la sopravvivenza delle barriere coralline.

Soluzioni Rivoluzionarie: Un Futuro Sostenibile per gli Oceani

Ingegneria Climatica Responsabile: L'ingegneria climatica, se condotta in modo responsabile e basata su approfondite valutazioni scientifiche ed etiche, potrebbe offrire soluzioni innovative per mitigare gli effetti dei cambiamenti climatici sugli oceani. Ad esempio, la stimolazione della fotosintesi oceanica potrebbe contribuire ad assorbire più anidride carbonica.

Tecnologie di Cattura e Stoccaggio del Carbonio (CCS): Le tecnologie CCS possono catturare l'anidride carbonica direttamente dall'atmosfera o dalle fonti di emissione e immagazzinarla in modo sicuro. Questo approccio può ridurre la concentrazione di gas serra e mitigare l'acidificazione degli oceani.

Progetti di Restauro Marino: Iniziative di restauro marino, come la piantumazione di mangrovie e la creazione di banchi di ostriche, possono contribuire a ripristinare gli habitat marini e aumentare la resilienza degli ecosistemi agli impatti climatici.

La Collaborazione Globale come Chiave del Successo

Affrontare la crisi climatica che abbraccia gli oceani richiede la collaborazione globale e un impegno congiunto per adottare soluzioni innovative e sostenibili.

Accordi Internazionali Efficaci: Gli accordi internazionali devono essere rafforzati e implementati per garantire la riduzione delle emissioni globali e la conservazione degli oceani. La collaborazione tra nazioni è essenziale per affrontare questa sfida su scala mondiale.

Educazione e Consapevolezza: La sensibilizzazione pubblica sull'importanza degli oceani e sui rischi dei cambiamenti climatici è cruciale. L'educazione può ispirare azioni individuali e collettive per ridurre l'impatto sull'ambiente marino.

Sostenibilità Economica e Sociale: Integrare pratiche sostenibili nell'economia e nella società è fondamentale per garantire un futuro in cui gli oceani possano prosperare. Questo richiede un cambiamento nella mentalità collettiva e un impegno verso modelli di sviluppo sostenibile.

Conclusioni: Salvaguardare il Cuore Blu della Terra

Gli oceani, il cuore blu della Terra, sono in pericolo a causa dei cambiamenti climatici. Tuttavia, con azioni coraggiose, innovazioni scientifiche e una collaborazione globale senza precedenti, è possibile preservare la bellezza e la vitalità degli oceani per le generazioni future. Ognuno di noi ha un ruolo cruciale da svolgere nel plasmare un futuro sostenibile per gli oceani e per il pianeta nel suo complesso. È ora di agire, con rispetto e gratitudine verso il nostro prezioso ambiente marino.

CAPITOLO 8: BIODIVERSITÀ MARINA - TESORI DA SALVAGUARDARE

Gli oceani, vasti e misteriosi, sono il palcoscenico di una ricchezza ineguagliabile: la biodiversità marina. In questo capitolo, approfondiremo la straordinaria diversità di vita che anima le profondità oceaniche e illustreremo approcci innovativi per proteggere e preservare le specie marine in pericolo.

Il Balletto della Vita Oceanica

Gli oceani sono il teatro di uno spettacolo senza paragoni, un balletto affascinante in cui le specie marine svolgono ruoli unici e interconnessi. Dalle microscopiche creature planctoniche ai maestosi mammiferi marini, ogni forma di vita contribuisce a creare un delicato equilibrio all'interno degli ecosistemi marini.

La Ricchezza del Corallo: Le barriere coralline, vere e proprie città sottomarine, sono il rifugio di una straordinaria varietà di specie. Dai vibranti pesci tropico alle delicate anemoni, la biodiversità nelle zone coralline è un tesoro da preservare.

La Migrazione Epica degli Animali Marini: Dalle balene che solcano gli oceani in lunghe migrazioni alle tartarughe marine che navigano attraverso gli oceani per deporre le uova, le storie di migrazione degli animali marini sono epiche e cruciali per la biodiversità.

Microcosmo del Plancton: Anche i microscopici organismi planctonici sono essenziali per la catena alimentare marina. Dal fitoplancton che produce ossigeno attraverso la fotosintesi al zooplancton che nutre molte specie marine, questo microcosmo svolge un ruolo vitale.

Le Minacce alla Biodiversità Marina

Nonostante la ricchezza della vita marina, la biodiversità degli oceani è minacciata da molteplici sfide.

Cambiamenti Climatici: Il riscaldamento globale e l'acidificazione degli oceani mettono a rischio gli habitat marini e minacciano la sopravvivenza di molte specie, in particolare quelle legate a coralli e gusci di carbonato di calcio.

Inquinamento Marino: Dall'accumulo di plastica alle sostanze chimiche tossiche, l'inquinamento marino rappresenta una minaccia diretta per molte specie marine. Tartarughe che ingeriscono rifiuti plastici e mammiferi marini avvelenati sono solo alcuni esempi dei suoi effetti.

Sovrapesca: La pesca eccessiva minaccia la sopravvivenza di molte specie ittiche e altera gli equilibri trofici degli ecosistemi marini. La sovrapesca può portare al collasso delle popolazioni ittiche, con gravi conseguenze sulla biodiversità.

Approcci Innovativi per la Conservazione

Preservare la biodiversità marina richiede un impegno congiunto per adottare approcci innovativi e sostenibili.

Tecnologie di Monitoraggio Avanzate: Utilizzare tecnologie avanzate, come droni marini e satelliti, per monitorare le popolazioni marine e gli habitat critici. Questi strumenti forniscono dati cruciali per la gestione e la conservazione.

Protezione delle Zone Marine: Creare riserve marine e zone di non pesca è un modo efficace per proteggere gli habitat critici e fornire spazi sicuri per la riproduzione e la crescita delle specie marine.
Reintroduzione di Specie Marine: In alcuni casi, la reintroduzione di specie marine minacciate può essere una

strategia efficace per ripristinare gli equilibri ecologici. Questo richiede una gestione attenta e una comprensione approfondita degli ecosistemi.

Restauro degli Habitat Marino: Iniziative di restauro marino, come la piantumazione di mangrovie e la creazione di banchi di ostriche, possono contribuire a ripristinare gli habitat vitali per molte specie marine.

Progetti di Conservazione di Successo

Molti progetti di conservazione hanno dimostrato che l'impegno e l'innovazione possono fare la differenza nella protezione della biodiversità marina.

Progetto di Conservazione delle Tartarughe Marine: In molte regioni, i progetti di conservazione lavorano per proteggere le tartarughe marine e i loro habitat. L'uso di luci a luce rossa nelle spiagge durante la deposizione delle uova riduce l'orientamento errato dei piccoli, aumentando le loro possibilità di sopravvivenza.

Programmi di Sensibilizzazione Ambientale: Iniziative di sensibilizzazione ambientale mirate a educare le comunità locali e coinvolgerle attivamente nella protezione della biodiversità marina. Questi programmi promuovono la consapevolezza e il rispetto per gli oceani.

Riserve Marine di Successo: Riserve marine ben gestite, come la Great Barrier Reef Marine Park in Australia, hanno dimostrato di essere efficaci nel proteggere la biodiversità e ripristinare gli ecosistemi marini.

La Convergenza tra Conservazione e Comunità

Coinvolgere le comunità locali nella conservazione della biodiversità marina è cruciale per il successo a lungo termine.

Co-Gestione delle Risorse: Coinvolgere le comunità locali nella co-gestione delle risorse marine promuove una gestione più responsabile e sostenibile. Le comunità diventano partner attivi nella conservazione degli oceani.

Sostegno alle Economie Locali Sostenibili: Creare opportunità economiche sostenibili, come il turismo ecologico e la pesca sostenibile, può ridurre la pressione sulle risorse marine e promuovere la conservazione.

Educazione Ambientale nelle Scuole: Introdurre programmi di educazione ambientale nelle scuole per sensibilizzare le nuove generazioni sull'importanza della biodiversità marina e del ruolo che ciascuno può svolgere nella sua conservazione.

La Necessità di un Impegno Globale

La conservazione della biodiversità marina è una sfida che va oltre i confini nazionali. È necessario un impegno globale per affrontare le minacce alla vita marina e garantire un futuro sostenibile per gli oceani.

Collaborazione Internazionale: La collaborazione tra nazioni è essenziale per affrontare le minacce transnazionali alla biodiversità marina. Gli accordi internazionali devono essere rafforzati e implementati in modo efficace.

Riduzione delle Emissioni di Gas Serra: Affrontare i cambiamenti climatici è fondamentale per proteggere la biodiversità marina. Ridurre le emissioni di gas serra attraverso l'adozione di pratiche sostenibili e l'uso di energie rinnovabili è cruciale.

Sensibilizzazione Globale: Promuovere la sensibilizzazione globale sull'importanza della biodiversità marina attraverso campagne mediatiche, eventi e iniziative online. La consapevolezza pubblica può influenzare comportamenti e decisioni a livello individuale e collettivo.

Conclusioni: Custodi degli Oceani

La biodiversità marina è il tesoro nascosto degli oceani, un caleidoscopio di vita che dipende dalla nostra cura e dedizione. Proteggere questa ricchezza richiede un impegno senza riserve, unendo le forze delle comunità locali, delle istituzioni scientifiche, delle imprese e dei governi di tutto il mondo. Siamo i custodi degli oceani, e solo attraverso un impegno globale possiamo garantire che questo straordinario spettacolo della vita continui a incantare le generazioni future. La strada è impegnativa, ma il premio è inestimabile: oceani ricchi di vita e di tesori da scoprire per le generazioni a venire.

CAPITOLO 9: TECNOLOGIE VERDI - INNOVAZIONI PER LA CONSERVAZIONE MARINA

Nel vasto regno degli oceani, la tecnologia si rivela un alleato potente nella lotta per la conservazione marina. In questo capitolo, esploreremo le tecnologie all'avanguardia, come i droni oceanici e l'intelligenza artificiale, che possono essere impiegate per monitorare e proteggere gli oceani in modi nuovi ed efficienti.

Il Potere delle Tecnologie Verdi

Le tecnologie verdi offrono un nuovo livello di precisione e efficienza nel monitoraggio e nella conservazione degli oceani. Queste innovazioni promettono di trasformare il modo in cui comprendiamo e preserviamo gli ecosistemi marini.

Droni Oceanici: Occhi nei Profondi Abissi

I droni oceanici rappresentano una rivoluzione nella nostra capacità di esplorare e monitorare gli oceani. Queste imbarcazioni automatizzate, spesso ispirate alla forma di creature marine, sono dotate di sensori avanzati e possono immergersi a profondità inaccessibili agli esseri umani.

Monitoraggio dell'Inquinamento: I droni oceanici possono pattugliare le zone oceaniche alla ricerca di accumuli di plastica, sostanze chimiche tossiche e altre forme di inquinamento. La raccolta di dati in tempo reale fornisce una mappa dettagliata degli impatti dell'inquinamento.

Rilevamento di Specie Marine: Utilizzando tecniche di rilevamento avanzate, i droni possono individuare e monitorare le specie marine, fornendo informazioni cruciali per la conservazione. Questo è particolarmente utile per specie elusive o minacciate.

Esplorazione degli Habitat Marini: I droni possono esplorare gli habitat marini, come le barriere coralline e i canyon sottomarini, documentando la loro salute e individuando eventuali segni di degrado o cambiamenti.

Intelligenza Artificiale (IA): L'Analisi Intelligente dei Dati

L'intelligenza artificiale gioca un ruolo sempre più importante nella gestione e analisi dei dati oceanici. Questa tecnologia può elaborare enormi quantità di informazioni in modo rapido ed efficiente, fornendo insights che sarebbero altrimenti difficili da ottenere.

Rilevamento dei Cambiamenti Climatici: L'IA può analizzare dati storici e in tempo reale per individuare pattern e tendenze legate ai cambiamenti climatici. Ciò aiuta a prevedere e mitigare gli impatti futuri sulle comunità marine.

Sorveglianza Anti-Pesca Pirata: L'utilizzo di algoritmi avanzati consente di identificare modelli di comportamento sospetti associati alla pesca pirata. L'IA può analizzare i dati satellitari e di tracciamento delle navi per individuare attività illegali.

Monitoraggio dell'Acquacoltura: Nell'acquacoltura, l'IA può ottimizzare le pratiche di coltivazione, monitorare la salute dei pesci e prevenire eventuali epidemie. Ciò contribuisce a rendere l'acquacoltura più sostenibile e resiliente.

Tecnologie per la Conservazione Marina

Sistemi di Tracciamento delle Specie: Utilizzando tecnologie di tracciamento avanzate, come i transponder satellitari, è possibile monitorare gli spostamenti delle specie marine. Questo è cruciale per la gestione delle popolazioni ittiche e la conservazione delle specie minacciate.

Biologia Sintetica per la Riproduzione Assistita delle Specie: La biologia sintetica offre possibilità rivoluzionarie nella riproduzione assistita delle specie marine minacciate. Questa tecnologia potrebbe essere utilizzata per rafforzare la genetica di popolazioni deboli e aumentare la diversità genetica.

Sensori Ambientali Intelligenti: Sensori intelligenti possono essere disseminati negli oceani per monitorare parametri ambientali chiave come temperatura, acidità e livello di ossigeno. Questi dati forniscono un quadro dettagliato della salute degli oceani e aiutano a identificare eventuali anomalie.

Tecnologie per la Rimozione della Plastica: Dispositivi galleggianti solari e barriere galleggianti alimentati dall'energia solare sono alcune delle tecnologie proposte per raccogliere e rimuovere i rifiuti plastici dagli oceani.

Successi e Sfide delle Tecnologie Verdi

Successi nella Sorveglianza della Pesca: L'utilizzo di tecnologie come il tracciamento satellitare e i sistemi di sorveglianza basati sull'IA ha portato a successi nella lotta contro la pesca illegale e la sovrapesca. Gli sforzi congiunti di organizzazioni, governi e aziende hanno contribuito a individuare e fermare navi coinvolte in attività illegali.

Sorveglianza delle Riserve Marine: Le tecnologie di monitoraggio avanzate stanno migliorando la sorveglianza delle riserve marine, garantendo che siano rispettate le regole di non pesca e proteggendo habitat cruciali.

Sfide nell'Adozione Diffusa: Nonostante i successi, l'adozione diffusa di alcune tecnologie è ancora limitata da fattori come costi elevati, mancanza di infrastrutture e questioni normative. Superare queste sfide è cruciale per massimizzare l'impatto delle tecnologie verdi.

L'Etica della Tecnologia Verde

L'utilizzo delle tecnologie verdi nella conservazione marina solleva anche questioni etiche fondamentali.

Privacy e Sorveglianza: Il monitoraggio attraverso droni e sistemi di sorveglianza può sollevare preoccupazioni sulla privacy delle persone e delle comunità locali. È fondamentale sviluppare politiche e regolamenti che bilancino la necessità di sorveglianza con il rispetto per la privacy.

Impatto Socioeconomico: L'introduzione di tecnologie avanzate può influenzare le comunità locali, specialmente quelle che dipendono tradizionalmente dalla pesca. Un approccio etico richiede la considerazione degli impatti socioeconomici e la creazione di soluzioni inclusive.

Accessibilità Globale: Garantire che le tecnologie siano accessibili a livello globale è essenziale per affrontare le sfide marine su scala mondiale. Ciò richiede collaborazioni internazionali e un impegno concreto per superare divari economici e tecnologici.

Futuro delle Tecnologie Verdi per gli Oceani

Il futuro delle tecnologie verdi per la conservazione marina è promettente, ma richiede un impegno continuo e collaborazioni globale.

Investimenti nella Ricerca e Sviluppo: Maggiori investimenti nella ricerca e sviluppo sono necessari per sviluppare tecnologie più efficienti, accessibili e sostenibili per la conservazione marina.

Collaborazione Internazionale: La collaborazione tra nazioni è essenziale per affrontare le sfide marine su scala globale. La condivisione di conoscenze, dati e risorse può accelerare lo sviluppo e l'adozione di tecnologie verdi.

Formazione e Consapevolezza: La formazione e la sensibilizzazione sono fondamentali per garantire che le comunità locali e gli operatori coinvolti siano ben informati sull'uso etico e responsabile delle tecnologie verdi.

Conclusione: Tecnologie per un Futuro Blu

Le tecnologie verdi rappresentano una chiave cruciale per aprire le porte a un futuro sostenibile per gli oceani. Con la combinazione di innovazione tecnologica, impegno globale e una visione etica, possiamo proteggere e preservare gli oceani per le generazioni future. Ogni passo in avanti, sia piccolo che grande, ci avvicina a un futuro blu in cui gli oceani prosperano e la vita marina continua a ispirare e stupire.

CAPITOLO 10: COMUNITÀ COSTIERE - GUARDIANI DELL'OCEANO

Nel rincorrere la conservazione marina, spesso ci si concentra sui grandi sforzi globali, ma nelle vicinanze delle onde e delle spiagge, le comunità costiere si ergono come guardiani dell'oceano. In questo capitolo, immergiamoci nelle storie di comunità costiere impegnate nella conservazione marina e esploriamo modelli di gestione partecipativa che coinvolgono attivamente le persone nella salvaguardia degli oceani.

Legami Profondi con l'Oceano

Le comunità costiere hanno una connessione intrinseca con l'oceano. Le onde sono la colonna sonora delle loro giornate, e la vita marina è intrecciata nella trama delle loro vite. Questi legami profondi creano una responsabilità naturale di proteggere e preservare gli oceani per le generazioni future.

Storie di Successo Locale: Da piccoli villaggi di pescatori a città costiere, le comunità in tutto il mondo stanno abbracciando la sfida di conservare l'ambiente marino. Ad esempio, la comunità di Cabo Pulmo in Messico ha trasformato una zona di pesca esausta in una riserva marina fiorente attraverso la gestione partecipativa.

Pesca Tradizionale Sostenibile: In molte comunità costiere, le tecniche di pesca tradizionali sono tramandate di generazione in generazione. Queste pratiche spesso includono la pesca selettiva e l'uso di conoscenze locali per garantire una gestione sostenibile delle risorse ittiche.

Cultura del Rispetto per l'Oceano: In molte culture costiere, esiste una forte cultura del rispetto per l'oceano. Le feste e le celebrazioni spesso riflettono la gratitudine per i doni dell'oceano e l'impegno a preservare la sua bellezza.

Modelli di Gestione Partecipativa

Coinvolgere attivamente le comunità nella gestione degli oceani è essenziale per il successo a lungo termine della conservazione marina. Diversi modelli dimostrano che la collaborazione tra comunità locali, organizzazioni non governative e autorità governative può portare a risultati significativi.

Riserve Marine Comunitarie: La creazione di riserve marine gestite dalle comunità stesse è un modello efficace per la conservazione. Le comunità definiscono regole e pratiche che promuovono la sostenibilità e la conservazione degli habitat marini.

Pesca Cooperativa: La formazione di cooperative di pescatori permette una gestione più sostenibile delle risorse ittiche. Le comunità decidono insieme le quote di pesca e implementano pratiche che salvaguardano la diversità delle specie marine.

Programmi di Riciclo e Riduzione dei Rifiuti: Coinvolgere le comunità in programmi di riciclo e riduzione dei rifiuti costieri contribuisce a prevenire l'inquinamento marino. Iniziative come la pulizia delle spiagge e la sensibilizzazione sul riciclo coinvolgono attivamente i residenti nella salvaguardia dell'ambiente marino.

Storie di Successo delle Comunità Costiere

Cabo Pulmo, Messico: La comunità di Cabo Pulmo ha trasformato un'area di pesca esaurita in una riserva marina di successo. Coinvolgendo attivamente i pescatori locali nella gestione, la riserva ha visto un notevole recupero della biodiversità e ha creato opportunità economiche attraverso il turismo sostenibile.

Gestione Partecipativa nelle Filippine: In molte comunità costiere delle Filippine, i progetti di gestione partecipativa hanno portato a una rigenerazione degli habitat corallini e al ripristino delle popolazioni di pesce. La collaborazione tra pescatori, organizzazioni ambientali e autorità locali ha giocato un ruolo chiave in questo successo.

Programmi di Sensibilizzazione in Thailandia: In alcune località costiere della Thailandia, programmi di sensibilizzazione hanno portato a una maggiore consapevolezza sull'importanza della conservazione marina. Questo ha stimolato l'adozione di pratiche sostenibili e la partecipazione attiva nella protezione degli oceani.

Sfide e Opportunità

Pressioni Economiche: Le comunità costiere spesso affrontano pressioni economiche che possono rendere difficile adottare pratiche sostenibili. Creare opportunità economiche alternative, come il turismo sostenibile, può contribuire a mitigare queste sfide.

Cambiamenti Climatici e Risposte Adattative: Le comunità costiere devono affrontare gli impatti dei cambiamenti climatici, tra cui l'innalzamento del livello del mare e gli eventi climatici estremi.
Sviluppare risposte adattative e resilienti è fondamentale.

Accesso alle Risorse e Aiuti: Assicurare che le comunità costiere abbiano accesso equo alle risorse e ricevano aiuti quando necessario è cruciale per sostenere gli sforzi di conservazione. L'equità è un elemento chiave per garantire la partecipazione e la collaborazione continue.

Coinvolgere le Nuove Generazioni

Coinvolgere le nuove generazioni è fondamentale per garantire la continuità degli sforzi di conservazione delle comunità costiere.

Educazione Ambientale nelle Scuole: Integrare programmi di educazione ambientale nelle scuole delle comunità costiere aiuta a trasmettere la consapevolezza dell'importanza della conservazione marina fin dalla giovane età.

Opportunità di Partecipazione per i Giovani: Creare opportunità per i giovani di partecipare attivamente alla conservazione marina, attraverso programmi di volontariato, iniziative di ricerca locale e progetti specifici.

Inclusione delle Voci delle Giovani Generazioni nelle Decisioni: Coinvolgere i giovani nelle decisioni sulla gestione marina assicura una prospettiva fresca e innovativa, promuovendo un senso di responsabilità verso il futuro.

La Forza delle Comunità Costiere

Le comunità costiere rappresentano una forza fondamentale nella conservazione degli oceani. La loro connessione intima con l'ambiente marino, la storia di successi locali e l'impegno nella gestione partecipativa dimostrano che quando le comunità sono protagoniste nella salvaguardia degli oceani, i risultati possono essere straordinari. L'oceano è il loro tesoro, e come guardiani dedicati, le comunità costiere stanno scrivendo capitoli significativi nella storia della conservazione marina.

Attraverso una collaborazione continua e un impegno globale, possiamo garantire che queste storie di successo si moltiplichino, rendendo le comunità costiere veri custodi dell'oceano per le generazioni a venire.

CAPITOLO 11: ECO-TURISMO MARINO – UNA VIA SOSTENIBILE PER ESPLORARE GLI OCEANI

L'eco-turismo marino si erge come un ponte tra l'esplorazione degli oceani e la conservazione sostenibile. In questo capitolo, esamineremo come lo sviluppo dell'eco-turismo può contribuire alla conservazione degli oceani, offrendo opportunità economiche senza danneggiare gli ecosistemi marini.

L'Attrazione Inesplorata degli Oceani

Gli oceani, con la loro vastità e bellezza, offrono un palcoscenico unico per l'eco-turismo. Dalle barriere coralline alle migrazioni marine, c'è un mondo di meraviglie sottomarine che attende di essere scoperto. L'eco-turismo marino mira a portare le persone più vicine a questa bellezza senza comprometterne la conservazione.

Snorkeling e Immersioni Sostenibili: Le attività come lo snorkeling e le immersioni consentono ai visitatori di esplorare gli habitat marini senza disturbare gli organismi. Pratiche sostenibili, come il "no touch" e l'adozione di tecniche di immersione responsabili, proteggono gli ecosistemi.

Avvistamenti di Balene e Delfini: Le escursioni per

l'avvistamento di balene e delfini offrono un'esperienza unica e educativa. Le imprese di eco-turismo seguono rigorose linee guida per garantire che le attività non influenzino negativamente il comportamento delle creature marine.

Turismo su Imbarcazioni a Basso Impatto Ambientale: L'uso di imbarcazioni a basso impatto ambientale riduce l'impatto sull'ambiente marino durante le escursioni. Motori più puliti, pratiche di ancoraggio responsabili e il rispetto delle regole di non disturbo sono elementi chiave.

Il Legame tra Eco-Turismo e Conservazione

Lo sviluppo dell'eco-turismo marino non è solo un'opportunità di business; è anche un mezzo efficace per promuovere la conservazione degli oceani. Questo legame tra turismo e conservazione crea un circolo virtuoso in cui la bellezza degli oceani diventa il motore stesso della loro protezione.

Consapevolezza e Apprezzamento della Biodiversità: Il contatto diretto con la biodiversità marina attraverso attività eco-turistiche aumenta la consapevolezza e l'apprezzamento. Le persone che sviluppano un legame emotivo con gli oceani sono più propense a sostenere iniziative di conservazione.

Finanziamento per la Conservazione: Una parte dei proventi dell'eco-turismo può essere destinata direttamente a progetti di conservazione marina. Questi finanziamenti aiutano a sostenere riserve marine, programmi di ricerca e iniziative locali per proteggere gli habitat marini.

Educazione Ambientale in Azione: Le imprese di eco-turismo spesso integrano programmi educativi nelle loro attività. Guide esperte forniscono informazioni sulle specie marine, la conservazione degli oceani e le pratiche sostenibili per promuovere una comprensione più approfondita tra i visitatori.

Esempi di Successo nell'Eco-Turismo Marino

Galápagos, Ecuador: Le isole Galápagos sono un esempio di come l'eco-turismo possa contribuire alla conservazione. Le attività di osservazione della fauna selvatica sono strettamente regolamentate per proteggere gli ecosistemi fragili, e una parte dei proventi del turismo sostiene programmi di conservazione.

Great Barrier Reef, Australia: Il Great Barrier Reef è una delle destinazioni di eco-turismo marine più famose al mondo. Le imprese locali adottano pratiche sostenibili per proteggere la salute della barriera corallina, mentre i visitatori contribuiscono finanziariamente alla sua conservazione.

Isole Farne, Regno Unito: Le Isole Farne sono conosciute per le colonie di uccelli marini e le foche. Le escursioni in barca sono gestite in modo sostenibile, garantendo che le attività umane non disturbino le popolazioni di fauna selvatica.

Sfide e Soluzioni

Afflusso Turistico Eccessivo: Uno dei rischi dell'eco-turismo è l'afflusso eccessivo di turisti, che può mettere a dura prova gli ecosistemi marini. Limitare il numero di visitatori, stabilire quote di accesso e implementare periodi di chiusura stagionali sono soluzioni per gestire questa sfida.

Impatti delle Attività Umane: Anche le attività di eco-turismo ben gestite possono avere impatti sull'ambiente. Monitorare attentamente e valutare gli impatti ambientali di tali attività è cruciale per apportare correzioni e miglioramenti continui.

Coinvolgimento delle Comunità Locali: Assicurare che le comunità locali siano coinvolte nelle decisioni sull'eco-turismo è fondamentale. Questo non solo garantisce il rispetto delle tradizioni locali, ma offre anche opportunità economiche alle comunità.

Tecnologie per l'Eco-Turismo Marino

Applicazioni di Monitoraggio Ambientale: Le app di monitoraggio ambientale consentono ai visitatori di segnalare e documentare eventuali violazioni ambientali o comportamenti non sostenibili. Questo incoraggia la responsabilità e la trasparenza nell'industria dell'eco-turismo.

Tecnologie di Osservazione Subacquea: Le tecnologie avanzate, come le telecamere subacquee e i veicoli subacquei remoti (ROV), consentono ai visitatori di esplorare gli oceani senza disturbare gli organismi. Queste tecnologie offrono esperienze immersive senza impatti negativi.

Sistemi di Prenotazione Sostenibili: Le piattaforme di prenotazione online possono implementare criteri di sostenibilità nelle loro scelte di partner di eco-turismo. Questo aiuta i visitatori a fare scelte informate e promuove pratiche sostenibili nell'industria.

Il Futuro dell'Eco-Turismo Marino

Il futuro dell'eco-turismo marino è promettente, ma richiede un approccio oculato e impegnato. Per garantire che questa forma di turismo continui a essere una forza positiva per la conservazione degli oceani, sono necessari sforzi continui.

Regolamentazioni Efficaci: I governi e le autorità locali devono implementare regolamentazioni efficaci per guidare l'industria dell'eco-turismo verso pratiche sostenibili. La collaborazione tra settore privato, organizzazioni ambientali e enti governativi è cruciale.

Educazione e Sensibilizzazione: Continuare a educare i visitatori sull'importanza della conservazione marina e sulle pratiche sostenibili è fondamentale. La consapevolezza pubblica contribuisce alla creazione di una domanda per l'eco-turismo responsabile.

Investimenti nella Conservazione: Maggiori investimenti diretti nella conservazione marina attraverso proventi dell'eco-turismo sono essenziali. Questi fondi possono sostenere progetti di ricerca, la creazione di riserve marine e iniziative per la riduzione dell'inquinamento marino.

Conclusione: Un Viaggio Verso la Conservazione

L'eco-turismo marino offre una visione affascinante degli oceani senza comprometterne la salute. Con un approccio oculato, basato sulla conservazione e il coinvolgimento delle comunità locali, può diventare una forza motrice per la preservazione degli ecosistemi marini. Ogni viaggio diventa un passo verso la consapevolezza, la comprensione e il sostegno tangibile alla bellezza fragile degli oceani. In un mondo in cui il turismo è in costante crescita, guidare questa crescita in modo sostenibile è essenziale per garantire che le generazioni future possano continuare a esplorare e innamorarsi degli oceani come noi facciamo oggi.

CAPITOLO 12: EDUCAZIONE AMBIENTALE - COLTIVARE L'AMORE PER GLI OCEANI

L'educazione ambientale emerge come faro nella missione di preservare gli oceani. In questo capitolo, esploreremo come coltivare l'amore per gli oceani attraverso programmi educativi innovativi. L'obiettivo è sensibilizzare le persone sull'importanza degli oceani e ispirarle a diventare difensori attivi della conservazione marina.

Il Potere dell'Educazione Ambientale

L'educazione ambientale è un potentissimo strumento per plasmare le menti e i cuori delle persone. Coltivare la consapevolezza e l'amore per gli oceani fin dalla giovane età è cruciale per costruire una base solida di difensori della conservazione marina.

Connessione Emotiva con l'Oceano: Gli programmi educativi devono andare oltre la trasmissione di informazioni. Devono creare una connessione emotiva tra gli studenti e gli oceani, alimentando un amore che li spingerà a prendersene cura nel corso della loro vita.

Sensibilizzazione su Questioni Critiche: L'educazione ambientale deve affrontare le questioni critiche che minacciano gli oceani, come l'inquinamento, la sovrapesca e i cambiamenti climatici. Fornendo una comprensione approfondita di questi problemi, si prepara la prossima generazione ad affrontare le sfide marine in modo efficace.

Incoraggiare l'Azione Attiva: Gli studenti devono essere spinti a tradurre la conoscenza in azione. Programmi educativi che incoraggiano progetti pratici, attività di volontariato e iniziative locali promuovono la partecipazione attiva nella conservazione marina.

Innovazioni nell'Educazione Ambientale Marina

Realismo Virtuale e Realtà Aumentata: Utilizzare la tecnologia per portare gli studenti in immersione virtuale negli oceani. Attraverso l'uso di realtà virtuale e aumentata, possono esplorare gli habitat marini senza lasciare le aule, creando un'esperienza coinvolgente e memorabile.

Programmi Interattivi Online: Creare programmi educativi interattivi online che coinvolgono gli studenti attraverso quiz, giochi e risorse multimediali. Questi programmi possono essere accessibili da qualsiasi luogo, ampliando la portata dell'educazione ambientale marina.

Collaborazioni Globali: Favorire collaborazioni tra scuole e istituzioni educative in tutto il mondo. Gli studenti possono scambiare informazioni, partecipare a progetti congiunti e sviluppare una prospettiva globale sulla conservazione marina.

Programmi Educativi Innovativi

"Adotta un'Onda" - Connessione con Riserve Marine: Programmi che permettono alle scuole di "adottare" riserve marine. Gli studenti seguono la vita marina, partecipano a progetti di monitoraggio remoto e sviluppano una connessione personale con un ambiente marino specifico.

Festival del Mare nelle Scuole: Organizzare festival del mare nelle scuole, coinvolgendo gli studenti in attività artistiche, scientifiche e culturali legate agli oceani. Questi eventi celebrano la bellezza degli oceani e promuovono la consapevolezza sulla loro importanza.

Programmi di Educazione Ambientale al Mare: Portare gli studenti direttamente al mare per esperienze di apprendimento immersive. Attraverso escursioni, attività di pulizia delle spiagge e laboratori sul campo, gli studenti sperimentano gli oceani in modo tangibile.

Sfide e Soluzioni nell'Educazione Ambientale Marina

Accesso Limitato alla Tecnologia: In alcune comunità o paesi, l'accesso limitato alla tecnologia può ostacolare la partecipazione a programmi educativi online. Soluzioni includono la creazione di materiali educativi stampati e l'organizzazione di eventi locali.

Sostenibilità Finanziaria dei Programmi: La sostenibilità finanziaria dei programmi educativi può essere una sfida. Collaborazioni con organizzazioni ambientali, aziende e governi possono contribuire a garantire il finanziamento a lungo termine.

Inclusività e Diversità: Garantire che i programmi educativi siano inclusivi e rispecchino la diversità delle esperienze umane è cruciale. La rappresentazione di diverse prospettive e voci aiuta a coinvolgere un pubblico più ampio.

Coinvolgere le Famiglie nell'Educazione Ambientale

Coinvolgere le famiglie nell'educazione ambientale è un passo cruciale per creare un impatto a lungo termine. Creare programmi che coinvolgano genitori e figli promuove una comprensione condivisa e una cultura familiare di amore per gli oceani.

Attività Familiari di Conservazione: Organizzare attività di conservazione marina a cui possono partecipare famiglie intere. Queste attività possono includere pulizie delle spiagge, progetti di riforestazione costiera e iniziative di monitoraggio della vita marina.

Racconti e Storie per Tutte le Età: Creare racconti e storie sul tema della conservazione marina che siano adatti a tutte le età. Questi materiali possono essere utilizzati come risorse nelle scuole e nelle famiglie per stimolare la discussione e l'apprendimento.

Giornate Familiari al Mare: Organizzare giornate dedicate alle famiglie al mare, in cui genitori e figli possono partecipare a attività educative, escursioni guidate e giochi interattivi. Queste giornate offrono un'esperienza condivisa che rafforza il legame tra famiglie e oceani.

L'Impatto Duraturo dell'Educazione Ambientale

Ambasciatori della Conservazione: Gli studenti che partecipano a programmi educativi marini possono diventare ambasciatori della conservazione. Diffondere la loro conoscenza e passione nelle loro comunità contribuisce a creare una rete di difensori degli oceani.

Iniziative Comunitarie Autoctone: Sviluppare iniziative comunitarie autoctone che si basano sulla conoscenza tradizionale e coinvolgono le comunità nell'insegnamento e nella preservazione delle pratiche sostenibili.

Progetti di Ricerca Studenteschi: Incoraggiare progetti di ricerca studenteschi su temi marini. Questi progetti non solo forniranno dati utili per la conservazione, ma anche ispireranno gli studenti a intraprendere carriere nelle scienze marine.

Conclusioni: Un Futuro Sostenibile Attraverso l'Educazione Ambientale

L'educazione ambientale è la chiave per costruire un futuro in cui gli oceani prosperano. Coltivare l'amore per gli oceani fin dalla giovane età, coinvolgendo famiglie e comunità, è essenziale per creare una generazione di cittadini consapevoli e attivi nella conservazione marina. Con programmi innovativi, inclusivi e sostenibili, possiamo aprire la porta a un futuro in cui ogni individuo si senta chiamato a proteggere gli oceani come parte essenziale del nostro pianeta. L'educazione è il faro che guida il cammino verso un mondo dove gli oceani, e coloro che li amano, prosperano.

CAPITOLO 13: DIRITTI DEGLI ANIMALI MARINI - UNA NUOVA FRONTIERA ETICA

Negli ultimi decenni, la consapevolezza dell'importanza degli abitanti del mare e della necessità di proteggere la loro dignità ha portato a un concetto emergente: i diritti degli animali marini. In questo capitolo, esploreremo questa nuova frontiera etica e discuteremo come possiamo garantire il rispetto e la protezione degli abitanti del mare.

Un Cambiamento di Prospettiva

Tradizionalmente, gli animali marini sono stati considerati risorse da sfruttare piuttosto che individui con diritti. Tuttavia, con una maggiore comprensione della complessità delle vite marine e del loro ruolo cruciale negli ecosistemi, sta emergendo una consapevolezza crescente della necessità di trattare gli animali marini con dignità e rispetto.

Intelligenza e Complessità Sociale: Studi scientifici hanno rivelato l'intelligenza e la complessità sociale di molte specie marine, come i cetacei, i polpi e i pesci. Questa consapevolezza ha portato a una riconsiderazione della loro posizione etica, spingendo verso il riconoscimento dei loro diritti.

Sensibilità e Consapevolezza: Gli animali marini dimostrano sensibilità e consapevolezza del loro ambiente. La comprensione di come reagiscono al dolore, alla perdita e alle interazioni umane ha alimentato la richiesta di protezione etica attraverso la concessione di diritti.

I Diritti degli Animali Marini

Diritto alla Vita e alla Libertà: La base fondamentale dei diritti degli animali marini è il diritto alla vita e alla libertà. Questo implica il riconoscimento del loro valore intrinseco come esseri senzienti, non solo in quanto risorse per l'umanità.

Proibizione della Cattura e dello Sfruttamento Eccessivo: I diritti degli animali marini includono la proibizione della cattura e dello sfruttamento eccessivo. Questo implica limiti rigorosi sulla pesca commerciale, la caccia di balene e altre attività che mettono a rischio la sopravvivenza e il benessere degli animali marini.

Ambienti Naturali Protetti: Riconoscere il diritto degli animali marini a vivere in ambienti naturali protetti è essenziale. Ciò significa creare e mantenere riserve marine dove gli habitat critici possono prosperare senza interferenze umane dannose.

Sfide nell'Attuazione dei Diritti degli Animali Marini

Interessi Economici Contrapposti: La sfida principale nell'attuazione dei diritti degli animali marini è la resistenza degli interessi economici che dipendono dalle attività marine, come la pesca commerciale e l'industria ittica. Bilanciare la sostenibilità economica con la protezione degli animali marini richiede un approccio oculato e una transizione graduale.

Lacune nella Conoscenza Scientifica: La mancanza di comprensione completa delle esigenze specifiche di molte specie marine rende difficile stabilire regolamenti efficaci. Investire nella ricerca scientifica è essenziale per colmare queste lacune e informare decisioni etiche basate sulla conoscenza.

Impatto delle Attività Umane: Le attività umane, come l'inquinamento e i cambiamenti climatici, continuano a minacciare gli oceani e la vita marina. Garantire i diritti degli animali marini richiede azioni significative per ridurre l'impatto delle attività umane sull'ambiente marino.

Strategie per Garantire i Diritti degli Animali Marini

Riforma Legislativa Internazionale: Creare e rafforzare leggi internazionali che proteggano gli animali marini e garantiscono il rispetto dei loro diritti. Trattati globali vincolanti possono creare una base normativa per la protezione etica degli abitanti del mare.

Educazione Pubblica sulla Dignità degli Animali Marini: Creare programmi educativi che sensibilizzino il pubblico sulla dignità degli animali marini. Un cambiamento culturale in cui la società riconosce e rispetta gli animali marini come individui meritevoli di protezione è cruciale per il successo di tali sforzi.

Promuovere Alternative Sostenibili: Spingere per lo sviluppo e l'adozione di alternative sostenibili alle attività che minacciano gli animali marini. Questo potrebbe includere tecnologie di pesca selettive, pratiche di pesca meno invasive e alternative alimentari sostenibili.

Settori Chiave nell'Attuazione dei Diritti degli Animali Marini

Pesca Sostenibile: Riformare le pratiche di pesca per garantire la sostenibilità e la protezione degli animali marini. Ciò include la riduzione della pesca eccessiva, l'adozione di tecnologie di pesca selettive e la creazione di zone marine protette.

Turismo Responsabile: Promuovere il turismo responsabile che rispetti gli habitat marini e le creature che li abitano. Regolamentare le attività di avvistamento di animali marini per evitare disturbi e danni agli individui e agli ecosistemi.

Conservazione degli Habitat Marini: Concentrarsi sulla creazione e gestione di riserve marine che forniscono ambienti sicuri e protetti per gli animali marini. Questo può aiutare a preservare la biodiversità e garantire che gli ecosistemi marini siano intatti.

Caso Studio: La Dichiarazione dei Diritti degli Animali Marini

Immaginiamo una dichiarazione globale che stabilisca chiaramente i diritti degli animali marini. Questo documento potrebbe includere:

Riconoscimento della Sensibilità e dell'Intelligenza: Affermare esplicitamente il riconoscimento della sensibilità e dell'intelligenza degli animali marini, basato su evidenze scientifiche.

Vietare Pratiche Dannose: Proibire pratiche come la cattura e lo sfruttamento eccessivo, nonché qualsiasi forma di maltrattamento o cattura non etica.

Promuovere la Conservazione e la Riabilitazione: Incentivare la conservazione degli habitat marini e promuovere programmi di riabilitazione per individui feriti o maltrattati.

Responsabilità delle Generazioni Future: Sottolineare la responsabilità delle generazioni future nella protezione degli animali marini e la gestione sostenibile degli oceani.

Conclusione: Un Futuro Etico per Gli Abitanti del Mare

Garantire i diritti degli animali marini è una sfida complessa, ma è essenziale per creare un futuro etico per gli abitanti del mare. Mentre la nostra comprensione della vita marina cresce, è nostro dovere evolvere le nostre pratiche e politiche per riflettere questa consapevolezza. Solo attraverso azioni etiche e impegnate possiamo sperare di creare un mondo in cui gli animali marini vivono senza paura di sfruttamento e in armonia con gli ecosistemi oceanici. Questa nuova frontiera etica è una chiamata all'azione per proteggere e rispettare gli individui che condividono il nostro pianeta e gli oceani che tutti condividiamo.

CAPITOLO 14: ECONOMIA BLU - SOSTENIBILITÀ E PROSPERITÀ

Nell'era moderna, l'idea di prosperità economica non può più ignorare l'importanza di conservare gli oceani. Il concetto di "Economia Blu" emerge come un approccio innovativo, abbracciando lo sviluppo economico in armonia con la conservazione degli oceani. In questo capitolo, esploreremo il concetto di Economia Blu e come può diventare un motore per la sostenibilità e la prosperità a lungo termine.

Fondamenti dell'Economia Blu

L'Economia Blu rappresenta una transizione cruciale dalla visione tradizionale dell'oceano come risorsa illimitata sfruttabile a una prospettiva che riconosce la necessità di bilanciare lo sviluppo economico con la salute degli oceani. Questi sono i suoi fondamenti:

Conservazione e Utilizzo Sostenibile: L'Economia Blu si basa sulla conservazione degli oceani e sull'utilizzo sostenibile delle risorse marine. Questo implica la gestione oculata delle attività umane che coinvolgono gli oceani, come la pesca, il turismo e l'industria marittima.

Innovazione Tecnologica: Incorpora l'innovazione tecnologica per massimizzare l'efficienza e ridurre l'impatto ambientale delle attività oceaniche. Tecnologie avanzate come sensori oceanici, droni sottomarini e monitoraggio satellitare sono strumenti cruciali per una gestione intelligente degli oceani.

Coinvolgimento delle Comunità Locali: Promuove il coinvolgimento attivo delle comunità locali nelle decisioni che riguardano gli oceani. Questo approccio bottom-up assicura che le soluzioni siano adattate alle esigenze specifiche di ciascuna regione.

Settori Chiave dell'Economia Blu

Pesca Sostenibile: Trasforma il settore ittico da fonte di sfruttamento a motore di sostenibilità. La pesca sostenibile implica limiti rigorosi, tecniche di pesca selettive e la creazione di riserve marine per consentire la rigenerazione delle popolazioni ittiche.

Turismo Responsabile: Sviluppa il turismo come un motore economico che rispetta gli ecosistemi marini. Il turismo responsabile implica regolamentazioni per evitare impatti negativi sull'ambiente, come l'avvistamento di animali marini e l'ecoturismo ben gestito.

Energia Blu: Esplora fonti di energia rinnovabile provenienti dagli oceani, come l'energia delle correnti marine, l'energia delle onde e l'energia termica degli oceani. Queste fonti riducono la dipendenza dalle fonti di energia non sostenibili e mitigano gli impatti ambientali.

Bioprospezione Sostenibile: Esamina le risorse biologiche marine in modo sostenibile per sviluppare farmaci, materiali e altri prodotti. Questo settore richiede regolamentazioni etiche per garantire che la bioprospezione non metta a rischio la biodiversità marina.

I Benefici dell'Economia Blu

Conservazione della Biodiversità: L'Economia Blu è un baluardo per la biodiversità marina. Attraverso pratiche di gestione sostenibile, si preserva la varietà di vita negli oceani, contribuendo alla salute degli ecosistemi.

Crescita Economica Sostenibile: Integra la crescita economica con la sostenibilità, promuovendo la prosperità a lungo termine. Le attività economiche legate agli oceani diventano catalizzatori per lo sviluppo sostenibile anziché minacce ambientali.

Creazione di Posti di Lavoro: L'Economia Blu crea opportunità di lavoro nelle comunità costiere. Settori come la pesca sostenibile, il turismo responsabile e l'energia blu generano occupazione locale, contribuendo alla resilienza economica delle regioni costiere.

Innovazione Tecnologica e Ricerca Scientifica: Stimola l'innovazione tecnologica e la ricerca scientifica. L'esplorazione e la gestione sostenibile degli oceani richiedono progressi nella tecnologia e una comprensione approfondita degli ecosistemi marini.

Sfide da Affrontare nell'Economia Blu

Resistenza ai Cambiamenti: Affrontare la resistenza agli approcci innovativi nell'industria e nella governance. Molti settori sono consolidati in pratiche tradizionali e potrebbero opporsi ai cambiamenti necessari per abbracciare l'Economia Blu.

Necessità di Investimenti a Lungo Termine: L'Economia Blu richiede investimenti a lungo termine, il che potrebbe essere difficile in contesti dove la visione a breve termine domina le decisioni economiche.

Governance e Coordinamento Internazionale: Coordinare gli sforzi a livello globale. Gli oceani non conoscono confini nazionali, quindi una governance e una cooperazione internazionale efficaci sono cruciali per garantire la sostenibilità degli oceani.

Strumenti e Politiche per l'Economia Blu

Certificazioni di Sostenibilità: Implementare certificazioni di sostenibilità per settori come la pesca e il turismo. Questi certificati informano i consumatori sulle pratiche sostenibili e incentivano le imprese a conformarsi a standard elevati.

Zone Marine Protette: Creare e gestire zone marine protette. Queste aree fungono da riserve in cui la biodiversità può prosperare senza le pressioni delle attività umane dannose.

Incentivi Fiscali per Pratiche Sostenibili: Offrire incentivi fiscali alle imprese impegnate in pratiche sostenibili legate agli oceani. Questi incentivi possono favorire la transizione verso un'economia blu.

Caso Studio: Il Modello di Economia Blu nelle Maldive

Le Maldive sono un esempio eccellente di come un paese possa adottare con successo l'Economia Blu. Attraverso misure come la creazione di zone marine protette, l'adozione di pratiche di pesca sostenibile e lo sviluppo di un turismo responsabile, le Maldive stanno bilanciando lo sviluppo economico con la conservazione degli oceani. Questo modello potrebbe ispirare altri paesi a seguire una via simile.

Conclusioni: Un Futuro di Sostenibilità e Prosperità

L'Economia Blu offre una via promettente per integrare lo sviluppo economico con la conservazione degli oceani. Abbracciare questo approccio non solo preserva la ricchezza degli ecosistemi marini, ma crea anche opportunità per la crescita economica sostenibile. Tuttavia, per realizzare appieno i benefici dell'Economia Blu, è essenziale affrontare le sfide e adottare politiche e pratiche che equilibrino la prosperità umana con la salute degli oceani. Solo attraverso un impegno globale e una governance oculata possiamo plasmare un futuro in cui gli oceani sono fonte di sostenibilità e prosperità per le generazioni a venire. L'Economia Blu non è solo un concetto; è un invito a creare un futuro in cui la nostra prosperità è intrecciata in modo indissolubile con la salute dei nostri oceani.

CAPITOLO 15: LOBBY AMBIENTALI - VOCE DEGLI OCEANI NEL MONDO

Nel vasto scenario della difesa degli oceani, le lobby ambientali emergono come potenti custodi, impegnate a preservare la vita marina e garantire la sostenibilità degli ecosistemi oceanici. In questo capitolo, esamineremo il ruolo cruciale delle organizzazioni ambientali come voce degli oceani nel mondo e forniremo suggerimenti su come migliorare l'efficacia delle lobby ambientali a livello globale.

La Necessità di Lobby Ambientali per gli Oceani

Gli oceani, spesso trascurati nelle decisioni politiche e economiche, necessitano di una voce forte e dedicata per garantire la loro protezione e gestione sostenibile. Le lobby ambientali svolgono un ruolo fondamentale in questo contesto per diverse ragioni:

Sensibilizzazione e Informazione: Le lobby ambientali contribuiscono a sensibilizzare il pubblico e gli attori decisionali sull'importanza degli oceani. Informano su questioni cruciali come l'inquinamento, la sovrapesca e i cambiamenti climatici, spingendo per l'adozione di politiche più sostenibili.

Rappresentanza degli Interessi degli Oceani: Le lobby ambientali agiscono come portavoce dedicati agli interessi degli oceani, contrastando spesso gli interessi economici a breve termine che minacciano la salute degli ecosistemi marini.

Monitoraggio delle Politiche e degli Accordi Internazionali: Svolgono un ruolo di monitoraggio critico sulle politiche e gli accordi internazionali che riguardano gli oceani. Questo assicura che le decisioni prese a livello globale siano orientate alla sostenibilità e alla conservazione.

Promozione di Soluzioni Innovative: Le lobby ambientali promuovono soluzioni innovative per affrontare le minacce agli oceani. Queste soluzioni spaziano dalla pesca sostenibile alle energie marine rinnovabili, contribuendo a plasmare un futuro più sostenibile per gli oceani.

Sfide Affrontate dalle Lobby Ambientali degli Oceani

Finanziamenti Limitati: Molte lobby ambientali operano con risorse finanziarie limitate, rendendo difficile competere con gli interessi economici ben finanziati. Ciò può influire sulla loro capacità di condurre campagne efficaci e di sostenere progetti a lungo termine.

Resistenza agli Cambiamenti: Affrontare la resistenza agli approcci innovativi da parte di settori economici consolidati. La lobby ambientale deve spesso superare la resistenza alle nuove politiche e pratiche che potrebbero minacciare gli interessi a breve termine.

Difficoltà nella Cooperazione Internazionale: Coordinare sforzi a livello globale può essere sfidante, specialmente considerando le diverse priorità e interessi dei paesi. La cooperazione internazionale è essenziale per affrontare le questioni oceaniche in modo efficace.

Conflitti di Interesse e Influenze Politiche: Le lobby ambientali devono navigare tra conflitti di interesse e influenze politiche che possono minare i loro sforzi. L'influenza delle lobby industriali può distorcere il processo decisionale a favore di pratiche dannose per gli oceani.

Strategie per Migliorare l'Efficacia delle Lobby Ambientali Oceaniche

Diversificazione delle Fonti di Finanziamento: Le lobby ambientali possono cercare di diversificare le loro fonti di finanziamento. Oltre alle donazioni pubbliche, possono esplorare partnership con fondazioni, aziende etiche e mecenati interessati alla conservazione degli oceani.

Collaborazione e Rete: Creare reti e collaborazioni tra diverse lobby ambientali, organizzazioni non governative (ONG) e gruppi di ricerca. La forza collettiva può aumentare l'impatto e fornire una piattaforma più ampia per la difesa degli oceani.

Comunicazione Efficace: Investire in strategie di comunicazione efficaci per coinvolgere il pubblico e i decisori politici. Narrazioni coinvolgenti, dati scientifici chiari e storie di successo possono suscitare interesse e sostenere la causa.

Innovazione Tecnologica nell'Advocacy: Sfruttare le tecnologie innovative nell'advocacy. Utilizzare piattaforme digitali, social media, e strumenti di visualizzazione dati per raggiungere un pubblico più vasto e accrescere la consapevolezza sulle questioni oceaniche.

Successi delle Lobby Ambientali Oceaniche

Divieto di Plastica Monouso: In molti paesi, lobby ambientali hanno contribuito a promuovere legislazioni che vietano o limitano l'uso di plastica monouso. Questi divieti mirano a ridurre l'inquinamento plastico negli oceani.

Creazione di Aree Marine Protette: Lobby ambientali hanno sostenuto con successo la creazione di aree marine protette in diverse parti del mondo. Queste aree offrono rifugio agli ecosistemi marini minacciati e promuovono la conservazione della biodiversità.

Campagne di Sensibilizzazione sulle Specie in Pericolo: Lobby ambientali spesso guidano campagne di sensibilizzazione sulle specie marine in pericolo, come le tartarughe marine, le balene e i delfini. Queste campagne cercano di proteggere habitat critici e ridurre le minacce umane a queste specie.

Caso Studio: Greenpeace e la Campagna "Salviamo gli Oceani"

Greenpeace, una delle organizzazioni ambientali più note, ha condotto campagne significative per la difesa degli oceani. La loro campagna "Salviamo gli Oceani" ha attirato l'attenzione globale sulle minacce marine, spingendo per politiche più rigorose sulla pesca sostenibile e la riduzione dell'inquinamento plastico.

Il Futuro delle Lobby Ambientali Oceaniche

Il futuro delle lobby ambientali oceaniche richiede una costante evoluzione e adattamento alle sfide emergenti. Alcune direzioni chiave per il futuro includono:

Integrazione delle Comunità Locali: Coinvolgere attivamente le comunità locali nelle iniziative di difesa degli oceani, riconoscendo la loro conoscenza locale e il ruolo cruciale nella conservazione.

Lotta contro il Cambiamento Climatico: Concentrarsi sull'advocacy per politiche e azioni che affrontino il cambiamento climatico, una delle minacce più gravi per gli oceani.

Monitoraggio Tecnologico: Sfruttare tecnologie avanzate come il monitoraggio satellitare e l'intelligenza artificiale per monitorare e documentare le minacce agli oceani in tempo reale.

Educazione Ambientale Continua: Continuare a investire in programmi educativi per mantenere il pubblico informato e coinvolto nella difesa degli oceani.

Conclusione: Una Voce Globale per gli Oceani

Le lobby ambientali sono la voce globale degli oceani, sforzandosi di garantire un futuro sostenibile per gli ecosistemi marini. Mentre affrontano sfide e resistenze, il loro impegno incrollabile è essenziale per garantire che gli oceani siano preservati per le generazioni future. Migliorando l'efficacia delle lobby ambientali e promuovendo una maggiore consapevolezza, possiamo sperare di plasmare un futuro in cui gli oceani sono trattati con la dignità e la cura che meritano. La difesa degli oceani è una causa globale, e le lobby ambientali sono la voce che risuona in tutto il mondo per proteggere questi preziosi ecosistemi.

CAPITOLO 16: LEGGI E POLITICHE - FONDAMENTA PER UNA GESTIONE OCEANO- RESPONSABILE

Gli oceani, con la loro vastità e complessità, richiedono un quadro giuridico robusto e politiche efficaci per garantire la loro gestione sostenibile e la conservazione della loro biodiversità. In questo capitolo, esamineremo le leggi e le politiche esistenti relative agli oceani, evidenziando le sfide attuali, e progetteremo proposte innovative per rafforzare la governance oceanica a livello internazionale.

Lo Stato Attuale delle Leggi e delle Politiche

Oceaniche Convenzione delle Nazioni Unite

sul Diritto del Mare (UNCLOS)

La Convenzione delle Nazioni Unite sul Diritto del Mare (UNCLOS) rappresenta il principale strumento giuridico internazionale per gli oceani. Adottata nel 1982, l'UNCLOS stabilisce il quadro giuridico per l'uso pacifico degli oceani, la gestione delle risorse marine e la conservazione dell'ambiente marino. Tuttavia, nonostante i successi, alcune sfide persistono:

Problemi di Applicazione: Nonostante sia stata ratificata dalla maggior parte dei paesi, l'applicazione uniforme dell'UNCLOS rimane una sfida. Alcuni paesi non rispettano completamente le disposizioni, portando a una governance disomogenea degli oceani.

Mancanza di Meccanismi di Sanzione: L'UNCLOS manca di meccanismi di sanzione efficaci per affrontare violazioni e comportamenti dannosi. La mancanza di conseguenze significative può indebolire l'efficacia del trattato.

Accordi Regionali e Nazionali

In aggiunta all'UNCLOS, esistono numerosi accordi regionali e nazionali che mirano a gestire specifiche questioni oceaniche. Tuttavia, la frammentazione degli sforzi può portare a incongruenze e lacune nella protezione degli oceani.

Politiche Nazionali e Locali

Le politiche nazionali e locali variano ampiamente in termini di approcci alla gestione degli oceani. Alcuni paesi adottano politiche progressiste, promuovendo la sostenibilità e la conservazione, mentre altri possono essere più lenti nel rispondere alle sfide oceaniche.

Sfide nella Governance Oceanica Attuale

Impatti Transfrontalieri: Gli oceani non conoscono confini nazionali, e le azioni di un paese possono avere impatti significativi su altri. La mancanza di coordinamento internazionale può rendere difficile affrontare questioni come l'inquinamento e la sovrapesca in modo efficace.

Mancanza di Rappresentanza Equa: Le nazioni in via di sviluppo spesso hanno minori risorse per partecipare ai negoziati internazionali e implementare politiche oceaniche avanzate. Ciò può portare a una mancanza di rappresentanza equa nei processi decisionali globali.

Necessità di Adattamento alle Nuove Minacce: Le attuali leggi e politiche spesso non sono all'altezza delle nuove minacce emergenti, come i cambiamenti climatici e la crescita dell'acquacoltura. È necessario un adattamento costante per affrontare le sfide in evoluzione.

Mancanza di Meccanismi Finanziari Adeguati: La mancanza di finanziamenti adeguati limita la capacità di molti paesi di implementare politiche oceaniche sostenibili. La creazione di meccanismi finanziari innovativi è essenziale per sostenere le iniziative a lungo termine.

Proposte Innovative per una Governance Oceanica Forte

1. Creazione di un Organismo Internazionale per gli Oceani

Proposta: Creare un organismo internazionale dedicato esclusivamente alla gestione degli oceani. Questo organismo avrebbe il compito di coordinare gli sforzi globali, monitorare l'applicazione delle leggi oceaniche esistenti e sviluppare nuove normative quando necessario.

Benefici:

Coordinamento efficace a livello internazionale.

Fornisce una piattaforma per affrontare le sfide emergenti. Migliora la rappresentanza equa di tutte le nazioni.

2. Fondo Globale per la Conservazione degli Oceani

Proposta: Creare un fondo globale dedicato alla conservazione degli oceani. Questo fondo sarebbe finanziato attraverso contributi volontari da parte dei paesi e delle organizzazioni internazionali e sarebbe utilizzato per finanziare progetti di conservazione, ricerca e applicazione delle leggi oceaniche.

Benefici:

Fornisce risorse finanziarie consistenti per iniziative oceaniche.

Promuove la cooperazione internazionale attraverso finanziamenti condivisi. Affronta la mancanza di risorse finanziarie per la gestione degli oceani.

3. Approccio Ecosistemico alla Gestione delle Risorse Marine

Proposta: Adottare un approccio ecosistemico alla gestione delle risorse marine, considerando gli oceani come sistemi interconnessi. Ciò significa spostare l'attenzione dalla gestione di singole specie alla conservazione degli ecosistemi marini nel loro complesso.

Benefici:

Promuove la conservazione della biodiversità marina. Riduce il rischio di catture accessorie e danni agli habitat. Contribuisce a mantenere l'equilibrio ecologico degli oceani.

4. Sviluppo di Tecnologie di Monitoraggio Avanzate

Proposta: Investire nello sviluppo e nell'implementazione di tecnologie avanzate di monitoraggio degli oceani, come satelliti, sensori oceanici e droni subacquei. Queste tecnologie consentirebbero una sorveglianza costante degli oceani, facilitando la raccolta di dati in tempo reale e la risposta rapida alle emergenze.

Benefici:

Migliora la capacità di monitorare e rispondere alle minacce oceaniche. Fornisce dati accurati per valutare l'efficacia delle politiche.

Supporta la ricerca scientifica sulla salute degli oceani.

5. Incentivi Fiscali per la Sostenibilità Oceanica

Proposta: Introdurre incentivi fiscali per le imprese e le nazioni che adottano pratiche sostenibili legate agli oceani. Ciò potrebbe includere agevolazioni fiscali per la pesca sostenibile, l'adozione di energie marine rinnovabili e la riduzione dell'impatto ambientale delle attività marittime.

Benefici:

Favorisce la transizione verso pratiche

più sostenibili. Stimola l'innovazione

e l'adozione di tecnologie verdi.

Crea un ambiente economico favorevole alla

conservazione degli oceani. Implementazione

e Sfide Future

L'implementazione di proposte innovative richiederà una collaborazione globale e un impegno costante. Le sfide saranno inevitabili, ma affrontarle è cruciale per garantire la sostenibilità degli oceani. L'adozione di una governance oceanica forte e flessibile è essenziale per rispondere alle sfide emergenti e proteggere gli oceani per le generazioni future.

Conclusione: Un Futuro Oceanico-Responsabile

La gestione oceano-responsabile richiede un impegno congiunto e azioni concrete a livello internazionale. Attraverso la creazione di nuove leggi e politiche innovative, possiamo plasmare un futuro in cui gli oceani sono conservati come risorse preziose e protetti come ecosistemi unici. Solo con una governance oceanica forte e collaborativa possiamo sperare di preservare la bellezza, la diversità e la vitalità degli oceani per le generazioni a venire.

CAPITOLO 17: COLLABORAZIONE GLOBALE - UNIRE LE FORZE PER GLI OCEANI

Gli oceani, per la loro natura vasta e interconnessa, richiedono una collaborazione globale senza precedenti per essere adeguatamente conservati e gestiti in modo sostenibile. In questo capitolo, esploreremo l'importanza della collaborazione internazionale nella conservazione degli oceani e progetteremo nuovi modelli di cooperazione per affrontare le sfide globali legate agli oceani.

Il Caso per la Collaborazione Globale

1. Oceani Senza Confini

Gli oceani non riconoscono confini nazionali. Ciò significa che le azioni di un paese possono avere impatti significativi su altri. L'inquinamento, la pesca eccessiva e i cambiamenti climatici sono minacce globali che richiedono soluzioni coordinate a livello internazionale.

2. Biodiversità Globale

La biodiversità marina è un patrimonio globale. Le migrazioni di specie marine attraversano gli oceani e coinvolgono diverse nazioni. La protezione di queste specie e dei loro habitat richiede sforzi congiunti per garantire che le azioni di un paese non compromettano gli sforzi di conservazione di un altro.

3. Cambiamenti Climatici e Acidificazione degli Oceani

I cambiamenti climatici e l'acidificazione degli oceani sono sfide globali che richiedono una risposta coordinata. Gli impatti di queste minacce si estendono ben oltre i confini nazionali, e solo attraverso la collaborazione globale possiamo sviluppare strategie efficaci di mitigazione e adattamento.

4. Accesso Equo alle Risorse Marine

L'accesso alle risorse marine, come la pesca, deve essere gestito in modo equo e sostenibile. La collaborazione internazionale è essenziale per sviluppare accordi che bilancino le esigenze delle nazioni e garantiscano la conservazione delle risorse ittiche a livello globale.

Modelli di Cooperazione per la Conservazione degli Oceani

1. Piano d'Azione Globale per la Plastica negli Oceani

Proposta: Creare un piano d'azione globale per affrontare il problema della plastica negli oceani. Questo piano includerebbe impegni vincolanti da parte dei paesi per ridurre l'uso di plastica monouso, implementare sistemi di riciclo efficaci e combattere l'inquinamento plastico.

Benefici:

Riduzione significativa dell'inquinamento plastico globale. Standardizzazione delle pratiche di gestione della plastica a livello mondiale.

Collaborazione tra industrie, governi e organizzazioni non governative (ONG) per affrontare la sfida.

2. Rete Globale di Aree Marine Protette

Proposta: Creare una rete globale di aree marine protette, coinvolgendo nazioni di tutto il mondo nella conservazione di habitat marini critici. Questa rete faciliterebbe la migrazione di specie marine, proteggendo la biodiversità e promuovendo la gestione sostenibile delle risorse marine.

Benefici:

Conservazione della biodiversità marina su scala globale.

Promozione della pesca sostenibile attraverso la creazione di zone sicure per la riproduzione e la crescita delle specie marine.

Collaborazione tra nazioni per la gestione condivisa delle aree marine.

3. Fondo Internazionale per la Conservazione degli Oceani

Proposta: Creare un fondo internazionale dedicato esclusivamente alla conservazione degli oceani. Questo fondo sarebbe finanziato da contributi volontari di nazioni, organizzazioni internazionali e settore privato e sarebbe utilizzato per finanziare progetti di ricerca, monitoraggio e conservazione marina.

Benefici:

Risorse finanziarie consistenti per la conservazione

e la gestione degli oceani. Collaborazione tra settori

pubblico e privato per affrontare sfide oceaniche.

Promozione della cooperazione internazionale

attraverso finanziamenti condivisi.

4. Collaborazione nella Ricerca Oceanica

Proposta: Favorire la collaborazione internazionale nella ricerca oceanica. Creare programmi congiunti di ricerca e scambio di dati tra nazioni per migliorare la comprensione degli impatti dei cambiamenti climatici sugli oceani, monitorare la biodiversità marina e sviluppare soluzioni innovative per le sfide oceaniche.

Benefici:

Accrescimento della conoscenza globale
sugli oceani. Identificazione di soluzioni
comuni alle sfide oceaniche. Favorire la
condivisione di tecnologie e competenze
tra nazioni.

5. Cooperazione per la Sicurezza Marittima

Proposta: Incrementare la cooperazione internazionale per garantire la sicurezza marittima. Ciò includerebbe la condivisione di informazioni sulle attività illegali in mare, la collaborazione nella lotta alla pesca pirata e la promozione di standard globali per la navigazione sicura.

Benefici:

Riduzione delle attività illegali in mare
attraverso azioni coordinate. Protezione delle
risorse marine da pratiche dannose.

Creazione di un ambiente marittimo sicuro
per tutte le nazioni. Affrontare le Sfide della
Collaborazione Globale

1. Resilienza alle Tensioni Geopolitiche

Le tensioni geopolitiche possono complicare la cooperazione internazionale. Per affrontare questa sfida, è essenziale promuovere il dialogo e la diplomazia come mezzi per risolvere le dispute e incentivare la collaborazione per la conservazione degli oceani.

2. Promuovere la Parità e l'Inclusività

Garantire che tutte le nazioni, indipendentemente dal loro livello di sviluppo, abbiano voce nelle decisioni oceaniche è cruciale. La promozione di politiche che favoriscono la parità e l'inclusività può ridurre le disparità nella partecipazione alla cooperazione internazionale.

3. Sostenibilità Finanziaria a Lungo Termine

Assicurare la sostenibilità finanziaria delle iniziative di conservazione oceanica richiede la creazione di meccanismi finanziari innovativi. Ciò può includere l'introduzione di tasse sulle attività dannose per gli oceani e l'istituzione di incentivi finanziari per le pratiche sostenibili.

4. Educazione e Sensibilizzazione Globale

Promuovere la consapevolezza globale sull'importanza degli oceani è fondamentale per garantire il supporto pubblico alla cooperazione internazionale. Programmi educativi e campagne di sensibilizzazione possono contribuire a informare e coinvolgere il pubblico nel processo di conservazione degli oceani.

Conclusione: Un Futuro di Collaborazione per gli Oceani

La collaborazione globale è la chiave per affrontare le sfide complesse e interconnesse legate agli oceani. Attraverso modelli innovativi di cooperazione, possiamo sperare di creare un futuro in cui gli oceani sono preservati come risorse preziose per le generazioni a venire. Unendo le forze a livello internazionale, possiamo plasmare un destino oceano-responsabile e garantire che le meraviglie degli oceani siano custodite per sempre.

CAPITOLO 18: IL FUTURO DEGLI OCEANI - UNA CHIAMATA ALL'AZIONE

In questo capitolo conclusivo, immergiamoci nelle speranze e nelle sfide che delineano il futuro degli oceani. È una chiamata all'azione, un invito a partecipare attivamente alla salvaguardia di questo tesoro globale, affinché possa continuare a prosperare e ispirare le generazioni future.

Speranze per il Futuro degli Oceani

1. Consapevolezza Globale Crescente

Una speranza luminosa per il futuro degli oceani è l'aumento della consapevolezza globale sull'importanza della conservazione marina. Con il diffondersi di informazioni e iniziative educative, sempre più persone stanno comprendendo il ruolo cruciale degli oceani nella regolazione del clima, nella produzione di ossigeno e nell'apporto di risorse alimentari.

2. Innovazioni Tecnologiche Rivoluzionarie

Il futuro degli oceani potrebbe essere plasmato da innovazioni tecnologiche rivoluzionarie. Droni oceanici, sensori avanzati e intelligenza artificiale possono contribuire a monitorare gli oceani in tempo reale, identificare problemi in fase precoce e guidare soluzioni basate sulla tecnologia per affrontare le sfide oceaniche.

3. Impegno Globale per la Sostenibilità

Una speranza chiave è l'aumento dell'impegno globale per la sostenibilità. Governi, organizzazioni internazionali, settore privato e individui devono collaborare per sviluppare e attuare politiche sostenibili, pratiche di gestione delle risorse e iniziative che garantiscano la salute a lungo termine degli oceani.

4. Conservazione della Biodiversità Marina

La conservazione della biodiversità marina è essenziale per il futuro degli oceani. Speriamo che gli sforzi mirati alla creazione di aree marine protette, alla gestione sostenibile delle risorse ittiche e alla protezione degli habitat critici possano preservare la diversità unica di vita negli oceani.

5. Accrescimento dell'Eco-Turismo Responsabile

L'eco-turismo responsabile potrebbe diventare un motore per la conservazione degli oceani. Se gestito in modo sostenibile, può offrire opportunità economiche per le comunità costiere senza danneggiare gli ecosistemi marini, promuovendo al contempo la consapevolezza ambientale tra i visitatori.

Sfide per il Futuro degli Oceani

1. Cambiamenti Climatici Inarrestabili

Una delle sfide più significative è rappresentata dai cambiamenti climatici inarrestabili. L'aumento delle temperature degli oceani, l'acidificazione e gli eventi meteorologici estremi minacciano gli ecosistemi marini. Affrontare questa sfida richiederà sforzi globali per mitigare l'impatto e adattarsi ai cambiamenti inevitabili.

2. Pressione Antropica in Aumento

La crescita della popolazione e l'aumento delle attività antropiche esercitano una pressione sempre maggiore sugli oceani. La pesca eccessiva, l'inquinamento, la distruzione degli habitat e lo sfruttamento delle risorse marine sono minacce continue che richiedono azioni immediate per invertire la tendenza.

3. Risorse Finanziarie Limitate

La conservazione degli oceani richiede risorse finanziarie significative. Tuttavia, la disponibilità limitata di finanziamenti può rappresentare una barriera per l'attuazione di politiche e iniziative sostenibili a lungo termine. Trovare soluzioni innovative per garantire finanziamenti adeguati è cruciale.

4. Mancanza di Coordinamento Globale Efficiente

La mancanza di coordinamento globale efficiente rappresenta una sfida nell'affrontare le questioni oceaniche su scala mondiale. La diversità di interessi nazionali, la mancanza di un organismo internazionale dedicato agli oceani e le tensioni geopolitiche possono ostacolare la collaborazione efficace.

5. Cambiamenti Nei Modelli Economici

Affrontare le sfide oceaniche richiederà cambiamenti nei modelli economici attuali. L'adozione di pratiche sostenibili può richiedere una trasformazione delle industrie legate agli oceani, creando resistenze da parte di settori consolidati. Sviluppare un equilibrio tra prosperità economica e conservazione è una sfida complessa.

La Chiamata all'Azione

Il futuro degli oceani è intriso di incertezza, ma è anche permeato di opportunità per il cambiamento positivo. La chiamata all'azione è rivolta a ciascun individuo, comunità, nazione e organizzazione.

Ecco alcune vie di azione che possono contribuire a plasmare un futuro sostenibile per gli oceani:

1. Adottare Pratiche di Vita Sostenibili

Ogni individuo può contribuire adottando pratiche di vita sostenibili. Ridurre l'uso di plastica monouso, sostenere prodotti sostenibili, risparmiare energia e sostenere iniziative di conservazione sono modi tangibili per fare la differenza.

2. Partecipare a Iniziative di Conservazione Locale

Unirsi a iniziative di conservazione locali è cruciale. Partecipare a pulizie delle spiagge, sostenere progetti di riforestazione marina e partecipare a programmi di monitoraggio della biodiversità contribuiscono direttamente alla salute degli oceani.

3. Sostenere Organizzazioni di Conservazione degli Oceani

Organizzazioni non governative (ONG) e organizzazioni di conservazione giocano un ruolo chiave nella difesa degli oceani. Sostenere finanziariamente o volontariamente queste organizzazioni può contribuire alla realizzazione di progetti di conservazione su scala globale.

4. Promuovere la Ricerca e l'Innovazione

La ricerca scientifica e l'innovazione sono fondamentali per affrontare le sfide oceaniche. Sostenere istituti di ricerca marina, promuovere la ricerca sulla sostenibilità delle risorse marine e incoraggiare l'innovazione tecnologica possono aprire nuove strade per la conservazione degli oceani.

5. Coinvolgere le Comunità Locali nella Gestione delle Risorse
   Coinvolgere attivamente le comunità locali nella gestione delle risorse marine è essenziale. I modelli di gestione partecipativa, che tengono conto delle conoscenze locali e promuovono la responsabilità condivisa, possono garantire una gestione sostenibile delle risorse oceaniche.

Conclusione: Un Futuro Condiviso per Gli Oceani

Il futuro degli oceani è un'opera in corso, plasmata dalle azioni di chiunque abbia un interesse nella salute del nostro pianeta. È una responsabilità condivisa che richiede impegno, consapevolezza e azione. Solo unendo le forze a livello individuale e globale possiamo sperare di garantire che gli oceani continuino a essere il cuore vitale della Terra, pulsando con vita, bellezza e diversità per le generazioni a venire. La chiamata all'azione è lanciata. Ognuno di noi è chiamato a rispondere all'appello degli oceani.

EPILOGUE

Mentre si chiudono queste pagine, vi invito a riflettere sul viaggio che abbiamo compiuto insieme attraverso gli "Oceani in Pericolo". L'epilogo è il punto in cui il passato e il presente si fondono, dove le sfide incontrano le soluzioni, e dove la speranza si intreccia con la responsabilità.

Riflessioni sul Viaggio
In questo epilogo, vi invito a guardare indietro e a contemplare le meraviglie oceaniche che abbiamo esplorato. Ogni parola è stata una lente attraverso la quale abbiamo scrutato mondi sconosciuti, abbiamo ammirato la diversità della vita marina e ci siamo connessi con l'essenza stessa degli oceani. Spero che abbiate sentito il richiamo delle onde, che abbiate ascoltato le storie degli abitanti marini e che abbiate imparato ad amare e rispettare questo cuore vitale della Terra.

Bilancio delle Sfide Affrontate
Nel corso del libro, abbiamo affrontato le sfide che gravano sugli oceani con occhi aperti. L'epilogo è il momento di bilanciare le minacce rivelate, di riconoscere la complessità delle sfide che gli oceani devono affrontare ogni giorno. Abbiamo sviscerato l'inquinamento, la sovrapesca, la pesca pirata, i cambiamenti climatici e altre minacce, delineando la portata di tali problemi e comprendendo la loro interconnessione.

Speranze per un Futuro Oceano-Responsabile

Tuttavia, l'epilogo è anche il luogo in cui intravediamo le speranze per un futuro oceano-responsabile. Abbiamo esplorato soluzioni innovative, modelli sostenibili e strategie che possono portare a un cambiamento positivo. Ogni proposta è un raggio di luce che illumina il cammino verso una gestione oceano-responsabile e sostenibile. Spero che queste idee abbiano ispirato un senso di fiducia nel fatto che possiamo plasmare un futuro in cui gli oceani prosperano.

L'Invito all'Azione

L'epilogo è anche un invito all'azione. Ogni lettore è chiamato a tradurre le parole in gesti tangibili. Che si tratti di ridurre l'uso di plastica, sostenere organizzazioni ambientali, promuovere la consapevolezza o adottare pratiche di pesca sostenibile, ognuno di noi può contribuire a un cambiamento positivo. L'invito è a diventare attori attivi nella conservazione degli oceani, a essere parte integrante della soluzione.

Un Ringraziamento Speciale

In questo epilogo, voglio esprimere un profondo ringraziamento a tutti coloro che si sono uniti a questo viaggio. A voi, lettori curiosi, che avete dedicato tempo e attenzione a esplorare le profondità degli oceani con me. A tutti gli scienziati, attivisti, operatori ambientali e custodi degli oceani che lavorano instancabilmente per la conservazione marina, la vostra dedizione è la luce che guida questo cammino.

Il Futuro degli Oceani

Infine, l'epilogo è il luogo in cui il passato incontra il futuro. Guardando avanti, spero che gli oceani continuino a essere il cuore vitale della Terra. Che possiamo tutti imparare a vivere in armonia con gli oceani, a custodirli con amore e rispetto per le generazioni a venire. Ogni passo che compiamo oggi plasmerà il destino degli oceani di domani.

Con gratitudine per il vostro viaggio insieme e con la speranza che queste parole siano onde che continuano a risuonare nei vostri cuori,

Zahra Jonsson

AFTERWORD

Mentre metto la penna giù e chiudo il libro, mi trovo in uno spazio di riflessione e gratitudine. La postfazione è il luogo in cui il creato si connette con il creatore, dove l'autore e il lettore si abbracciano attraverso le pagine scritte. In "Oceani in Pericolo", questo abbraccio è intimo e globale, un abbraccio che abbraccia tutti coloro che hanno condiviso questo viaggio con me.

Un Viaggio Condiviso
La postfazione è l'occasione per esprimere la mia profonda gratitudine a voi, lettori. Grazie per avermi accompagnato attraverso le profondità degli oceani, per aver condiviso la vostra curiosità, la vostra attenzione e il vostro impegno. Questo libro non sarebbe nulla senza la vostra presenza virtuale, senza i vostri occhi che hanno danzato tra le righe.

I Legami con gli Oceani
In questa postfazione, riflettiamo insieme sui legami che abbiamo creato con gli oceani. Ogni parola, ogni pagina, è stata un tentativo di tessere una connessione più profonda con questi regni sconosciuti ma fondamentali. Spero che abbiate sentito il ruggito del mare nelle parole, che abbiate percepito la complessità e la delicatezza degli ecosistemi marini.

Sfide e Speranze
Rivolgendoci al futuro, esaminiamo le sfide che abbiamo rivelato

e le speranze che abbiamo intravisto. La postfazione è il momento in cui abbracciamo la complessità della realtà, dove riconosciamo che la conservazione marina è una missione collettiva che richiede impegno, consapevolezza e azione. Le sfide sono reali, ma le soluzioni sono possibili attraverso la collaborazione e la dedizione.

Un Appello alla Persistenza

La postfazione è anche un appello alla persistenza. Gli oceani sono resilienti, ma la nostra responsabilità nei loro confronti è duratura. Vi incoraggio a portare con voi le storie degli oceani, a condividerle con gli altri e a diventare ambasciatori della conservazione marina. Ogni piccolo gesto conta, e insieme possiamo plasmare un futuro sostenibile per gli oceani.

Oltre le Pagine

Infine, la postfazione è il ponte verso ciò che va oltre le pagine. Questo libro è solo l'inizio del viaggio. Invito ogni lettore a esplorare ulteriormente, a cercare conoscenze, a partecipare a iniziative di conservazione e a portare la consapevolezza degli oceani nella propria vita quotidiana. Gli oceani sono vivi, e il nostro impegno può fare la differenza.

Grazie

Grazie, dal profondo del mio cuore, a tutti coloro che hanno reso possibile questo viaggio. Ai ricercatori e agli esperti che hanno condiviso le loro conoscenze, ai lettori che hanno portato queste parole nelle loro case e alle onde stesse che ci hanno ispirato. Che le vostre vite siano sempre avvolte dalla meraviglia degli oceani.

Con gratitudine e speranza per il nostro futuro oceano-responsabile,

Zahra Jonsson

ACKNOWLEDGEMENT

Carissimi lettori,

Mentre mi siedo a scrivere questi ringraziamenti, sento il bisogno di esprimere una profonda gratitudine per ogni singolo lettore che ha attraversato le pagine di "Oceani in Pericolo". Questo libro è il risultato di un viaggio condiviso, e la vostra presenza virtuale ha reso questo viaggio straordinario.

Grazie per la vostra curiosità, per aver aperto questo libro con cuori aperti e menti pronte all'esplorazione. Il fatto che abbiate dedicato il vostro tempo e la vostra attenzione a esplorare le meraviglie e le sfide degli oceani significa tutto per me. Spero che ogni parola abbia risuonato con voi, portandovi in mondi nuovi e stimolando riflessioni profonde.

Ringrazio coloro che hanno condiviso le loro storie, le loro esperienze e le loro conoscenze sulla conservazione marina. Ogni contributo ha arricchito il tessuto di questo libro, fornendo prospettive uniche e preziose che vanno oltre le mie parole.

Un ringraziamento speciale va agli scienziati, agli attivisti, agli operatori ambientali e a tutti coloro che lavorano instancabilmente per la conservazione degli oceani. Le vostre voci sono un faro di speranza, e la vostra dedizione è una fonte di ispirazione per tutti noi.

Ringrazio anche coloro che, attraverso queste pagine, si sono impegnati a diventare attori attivi nella conservazione degli oceani. Ogni azione, grande o piccola, conta, e la vostra volontà di fare la differenza è una luce che illumina il cammino verso un futuro oceano-responsabile.

Infine, voglio ringraziare le onde stesse. Gli oceani sono fonti infinite di ispirazione, saggezza e bellezza. Grazie per essere la musa di questo libro e per continuare a narrare storie di vita, speranza e meraviglia.

Con profonda gratitudine e affetto,

Zahra Jonsson

ABOUT THE AUTHOR

Zahra Jonsson

Zahra Jonsson è una figura di spicco nel panorama dell'ambientalismo impegnato a proteggere il nostro prezioso pianeta. La sua passione per la conservazione ambientale abbraccia un vasto spettro di tematiche, concentrandosi soprattutto sull'oceano, le foreste, la fauna selvatica e l'ambiente in generale.

Il suo cammino nell'ambientalismo è stato plasmato dalla convinzione intrinseca che la Terra è un ecosistema interconnesso, e proteggere ogni parte di esso è cruciale per garantire un futuro sostenibile. Zahra si è distinta come una forza guida nella salvaguardia degli oceani, lavorando instancabilmente per preservare la vita marina e contrastare le minacce ambientali che pesano sulle acque.

Oltre all'impegno per gli oceani, Zahra è un'accanita sostenitrice della conservazione forestale. Ha lavorato attivamente per la protezione delle foreste, riconoscendo il ruolo vitale che svolgono nella mitigazione dei cambiamenti climatici e nella preservazione della biodiversità.

Il suo amore per gli animali è evidente nel suo impegno a proteggere la fauna selvatica da ogni forma di minaccia. Zahra si batte per garantire che le specie vulnerabili siano preservate, promuovendo la consapevolezza sull'importanza di rispettare e coabitare con tutte le creature che condividono il nostro pianeta.

Zahra Jonsson si distingue anche per il suo rifiuto deciso dell'energia nucleare, sottolineando l'importanza di fonti energetiche sostenibili per preservare la salute del nostro ambiente e ridurre l'impatto negativo sull'ecosistema globale.

Il suo approccio all'ambientalismo è inclusivo e interdisciplinare, cercando di affrontare le sfide ambientali in modo olistico. Zahra è coinvolta in iniziative educative, campagne di sensibilizzazione e azioni dirette per ispirare cambiamenti positivi nella mentalità collettiva e nelle politiche ambientali.

Attraverso il suo impegno multiforme, Zahra Jonsson si pone come una voce autorevole nell'ambientalismo contemporaneo, dimostrando che l'azione concreta, la consapevolezza diffusa e la passione possono plasmare un futuro in cui la Terra e tutti i suoi abitanti prosperano.

www.ingramcontent.com/pod-product-compliance
Lightning Source LLC
Chambersburg PA
CBHW062345290526
45794CB00005B/2109